RAPHAEL'S ASTRONOMICAL

Ephemeris of

A Compl

Mean Obliquity of

INTRODUCTION

Greenwich Mean Time (G.M.T.) has been used as the basis for all tabulations and times. The tabular data are for Greenwich Mean Time 12h., except for the Moon tabulations headed 24h. All phenomena and aspect times are now in G.M.T. To obtain Local Mean Time of aspect, add the time equivalent of the longitude if East and subtract if West.

Both in the Aspectarian and the Phenomena the 24-hour clock replaces the old a.m./p.m. system.

The zodiacal sign entries are now incorporated in the Aspectarian as well as being given in a separate table.

BRITISH SUMMER TIME

British Summer Time begins on March 28 and ends on October 31. When *British Summer Time* (one hour in advance of G.M.T.) is used, subtract one hour from B.S.T. before entering this Ephemeris.

These dates are believed to be correct at the time of printing.

Printed in Great Britain

© Strathearn Publishing Ltd. 2009

ISBN 978-0-572-03496-2

Published by

LONDON: W. FOULSHAM & CO. LTD.

BATH ROAD, SLOUGH, BERKS. ENGLAND SL1 4AA

NEW YORK   TORONTO   CAPE TOWN   SYDNEY

2					JANUARY	2010			[RAPHAEL'S	
D M	D W	Sidereal Time	☉ Long.	☉ Dec.	☽ Long.	☽ Lat.	☽ Dec.	☽ Node	24h. ☽ Long.	☽ Dec.
		h m s	° ′ ″	° ′	° ′ ″	° ′	° ′	° ′	° ′ ″	° ′
1	F	18 44 07	10♑57 38	22 S 59	20♋46 26	0 N02	21 N52	21♑36	28♋18 54	19 N51
2	S	18 48 04	11 58 46	22 54	5♌50 56	1 S21	17 30	21 33	13♌21 28	14 53
3	Su	18 52 00	12 59 54	22 48	20 49 30	2 38	12 03	21 30	28 14 07	9 05
4	M	18 55 57	14 01 02	22 42	5♍34 35	3 43	6 N00	21 27	12♍50 18	2 N53
5	T	18 59 54	15 02 11	22 35	20 00 47	4 32	0 S13	21 24	27 05 45	3 S17
6	W	19 03 50	16 03 19	22 28	4♎05 01	5 04	6 16	21 20	10♎58 32	9 08
7	Th	19 07 47	17 04 28	22 21	17 46 24	5 17	11 51	21 17	24 28 43	14 24
8	F	19 11 43	18 05 37	22 13	1♏05 45	5 13	16 44	21 14	7♏37 44	18 51
9	S	19 15 40	19 06 46	22 05	14 05 01	4 53	20 43	21 11	20 27 55	22 19
10	Su	19 19 36	20 07 55	21 56	26 46 47	4 19	23 38	21 08	3♐01 57	24 38
11	M	19 23 33	21 09 04	21 47	9♐13 45	3 33	25 20	21 04	15 22 32	25 43
12	T	19 27 29	22 10 13	21 37	21 28 37	2 38	25 47	21 01	27 32 16	25 32
13	W	19 31 26	23 11 22	21 27	3♑33 48	1 36	25 00	20 58	9♑33 27	24 09
14	Th	19 35 23	24 12 31	21 16	15 31 31	0 S31	23 03	20 55	21 28 14	21 42
15	F	19 39 19	25 13 39	21 05	27 23 51	0 N35	20 07	20 52	3♒18 36	18 19
16	S	19 43 16	26 14 47	20 54	9♒12 46	1 39	16 22	20 49	15 06 35	14 14
17	Su	19 47 12	27 15 54	20 42	21 00 22	2 39	11 59	20 45	26 54 24	9 38
18	M	19 51 09	28 17 00	20 30	2♓49 00	3 32	7 11	20 42	8♓44 31	4 S40
19	T	19 55 05	29♑18 06	20 18	14 41 19	4 16	2 S06	20 39	20 39 49	0 N30
20	W	19 59 02	0♒19 11	20 05	26 40 27	4 49	3 N06	20 36	2♈43 38	5 41
21	Th	20 02 58	1 20 15	19 52	8♈49 52	5 10	8 15	20 33	14 59 39	10 45
22	F	20 06 55	2 21 18	19 38	21 11 23	5 18	13 10	20 30	27 31 50	15 29
23	S	20 10 52	3 22 21	19 24	3♉55 13	5 09	17 40	20 26	10♉24 07	19 40
24	Su	20 14 48	4 23 22	19 10	16 58 57	4 45	21 28	20 23	23 40 04	23 00
25	M	20 18 45	5 24 22	18 55	0♊27 47	4 05	24 15	20 20	7♊22 15	25 09
26	T	20 22 41	6 25 21	18 40	14 23 34	3 10	25 40	20 17	21 31 36	25 46
27	W	20 26 38	7 26 20	18 25	28 46 08	2 01	25 27	20 14	6♋06 43	24 40
28	Th	20 30 34	8 27 17	18 09	13♋32 44	0 N42	23 26	20 10	21 03 23	21 48
29	F	20 34 31	9 28 13	17 53	28 37 40	0 S42	19 45	20 07	6♌14 29	17 22
30	S	20 38 27	10 29 08	17 37	13♌52 36	2 03	14 42	20 04	21 30 43	11 48
31	Su	20 42 24	11♒30 02	17 S 20	29♌07 32	3 S15	8 N44	20♑01	6♍41 48	5 N33

D	Mercury			Venus			Mars			Jupiter	
M	Lat.	Dec.		Lat.	Dec.		Lat.	Dec.		Lat.	Dec.
	°	°	°	°	°	°	°	°	°	°	°
1	1 N48	20 S 23	20 S 14	0 S 27	23 S 37	23 S 34	3 N 47	18 N48	18 N 53	0 S 56	13 S 34
3	2 23	20 07	20 00	0 32	23 31	23 26	3 52	18 59	19 05	0 56	13 26
5	2 51	19 56	19 53	0 36	23 21	23 15	3 56	19 11	19 17	0 56	13 17
7	3 10	19 51	19 50	0 41	23 09	23 02	4 01	19 24	19 31	0 56	13 09
9	3 19	19 51	19 54	0 45	22 54	22 45	4 05	19 37	19 44	0 56	13 00
11	3 19	19 57	20 02	0 49	22 35	22 25	4 09	19 52	19 59	0 56	12 51
13	3 11	20 07	20 14	0 53	22 15	22 03	4 13	20 06	20 14	0 56	12 42
15	2 58	20 21	20 29	0 56	21 51	21 38	4 17	20 21	20 29	0 56	12 32
17	2 42	20 37	20 45	1 00	21 25	21 11	4 20	20 37	20 44	0 55	12 23
19	2 23	20 54	21 02	1 03	20 56	20 41	4 23	20 52	21 00	0 55	12 14
21	2 03	21 10	21 18	1 06	20 25	20 08	4 25	21 08	21 15	0 55	12 04
23	1 43	21 25	21 32	1 09	19 51	19 34	4 28	21 23	21 31	0 55	11 54
25	1 23	21 38	21 43	1 12	19 15	18 57	4 29	21 38	21 45	0 55	11 44
27	1 02	21 48	21 52	1 15	18 37	18 17	4 31	21 53	22 00	0 55	11 35
29	0 43	21 54	21 S 56	1 17	17 57	17 S 36	4 31	22 07	22 N 14	0 55	11 25
31	0 N24	21 S 57		1 S 19	17 S 15		4 N 32	22 N20		0 S 55	11 S 15

FIRST QUARTER – Jan.23,10h.53m. (3°♉20′)

FULL MOON – Jan.30,06h.18m. (10°♌15′)

EPHEMERIS] JANUARY 2010

D M	☿ Long.	♀ Long.	♂ Long.	♃ Long.	♄ Long.	♅ Long.	♆ Long.	♇ Long.	☉	☿	♀	♂	♃	♄	♅	♆	♇
	° ′	° ′	° ′	° ′	° ′	° ′	° ′	° ′									
1	18♑28	8♑29	18♌44	26♒28	4♎31	23♓06	24♒36	3♑20		☍		⊻			△		
2	17R 19	9 44	18R 34	26 40	4 32	23 08	24 38	3 22						⚹	⚼		
3	16 03	11 00	18 23	26 52	4 34	23 09	24 39	3 24			⚼	☌	☍	∠		☍	⚼
4	14 43	12 15	18 12	27 05	4 35	23 11	24 41	3 26	⚼	⚼				⊻			△
5	13 22	13 31	17 59	27 17	4 36	23 13	24 43	3 28	△	△	△	⊻			☍		
6	12 02	14 46	17 46	27 30	4 36	23 14	24 45	3 30				∠		☌		⚼	□
7	10 46	16 02	17 32	27 42	4 37	23 16	24 47	3 33	□	□	□	⚹	⚼				
8	9 36	17 17	17 17	27 55	4 38	23 18	24 49	3 35					△	⊻		△	⚹
9	8 33	18 33	17 01	28 08	4 38	23 20	24 51	3 37	⚹	⚹	⚹	□		∠	⚼		∠
10	7 39	19 48	16 45	28 20	4 39	23 22	24 53	3 39		∠			□		△	□	
11	6 54	21 04	16 28	28 33	4 39	23 24	24 55	3 41	∠	⊻	∠			⚹			⊻
12	6 20	22 19	16 10	28 46	4 39	23 26	24 57	3 43	⊻		⊻	△			□	⚹	
13	5 55	23 35	15 52	28 59	4 39	23 28	24 59	3 45		☌		⚼	⚹	□			☌
14	5 40	24 50	15 33	29 12	4R 39	23 30	25 01	3 47					∠			∠	
15	5 33	26 06	15 13	29 26	4 39	23 32	25 03	3 49	●		☌		⊻		⚹	⊻	
16	5D 36	27 21	14 53	29 39	4 39	23 34	25 05	3 51		⊻		☍		△	∠		⊻
17	5 46	28 36	14 32	29♒52	4 38	23 36	25 07	3 53		∠				⚼	⊻	☌	∠
18	6 04	29♑52	14 11	0♓05	4 38	23 39	25 09	3 55	⊻	⚹	⊻		☌				⚹
19	6 29	1♒07	13 49	0 19	4 37	23 41	25 11	3 57	∠		∠						
20	6 59	2 23	13 27	0 32	4 37	23 43	25 13	3 59	⚹			⚼	⊻		☌	⊻	
21	7 35	3 38	13 04	0 46	4 36	23 46	25 15	4 01		□	⚹	△		☍		∠	□
22	8 17	4 54	12 42	0 59	4 35	23 48	25 17	4 03					∠		⊻	⚹	
23	9 02	6 09	12 18	1 13	4 34	23 51	25 19	4 05	□	△	□		⚹		∠		△
24	9 52	7 24	11 55	1 27	4 33	23 53	25 21	4 07				□		⚼			⚼
25	10 46	8 40	11 31	1 40	4 32	23 55	25 24	4 09	△	⚼			□	△	⚹	□	
26	11 43	9 55	11 07	1 54	4 30	23 58	25 26	4 11			△	⚹					
27	12 42	11 10	10 44	2 08	4 29	24 01	25 28	4 13	⚼		⚼	∠	△	□	□	△	☍
28	13 45	12 26	10 20	2 22	4 27	24 03	25 30	4 15		☍		⊻	⚼			⚼	
29	14 50	13 41	9 56	2 36	4 26	24 06	25 32	4 17						⚹	△		
30	15 58	14 56	9 32	2 50	4 24	24 09	25 35	4 19	☍		☍	☌		∠	⚼		⚼
31	17♑07	16♒12	9♌08	3♓04	4♎22	24♓11	25♒37	4♑21		⚼			☍	⊻		☍	△

D M	Saturn Lat.	Saturn Dec.	Uranus Lat.	Uranus Dec.	Neptune Lat.	Neptune Dec.	Pluto Lat.	Pluto Dec.
	° ′	° ′	° ′	° ′	° ′	° ′	° ′	° ′
1	2N17	0N18	0S45	3S25	0S25	13S43	5N06	18S18
3	2 18	0 18	0 45	3 24	0 25	13 42	5 06	18 18
5	2 19	0 18	0 45	3 23	0 25	13 41	5 06	18 18
7	2 19	0 18	0 45	3 21	0 25	13 39	5 05	18 18
9	2 20	0 18	0 44	3 20	0 25	13 38	5 05	18 18
11	2 20	0 18	0 44	3 18	0 25	13 37	5 05	18 18
13	2 21	0 18	0 44	3 16	0 25	13 35	5 05	18 18
15	2 21	0 19	0 44	3 15	0 25	13 34	5 05	18 18
17	2 22	0 20	0 44	3 13	0 25	13 33	5 05	18 18
19	2 23	0 21	0 44	3 11	0 25	13 31	5 05	18 18
21	2 23	0 22	0 44	3 09	0 25	13 30	5 05	18 18
23	2 24	0 23	0 44	3 07	0 25	13 29	5 05	18 18
25	2 24	0 24	0 44	3 05	0 25	13 27	5 05	18 18
27	2 25	0 26	0 44	3 03	0 25	13 26	5 05	18 18
29	2 25	0 28	0 44	3 01	0 25	13 24	5 05	18 18
31	2N26	0N30	0S44	2S59	0S25	13S23	5N05	18S17

Mutual Aspects

1 ☉Q♅. ☿∇♂. ☿⊥♆.
2 ☉±♂. ☉∠♃. ♀∠♆.
3 ♀Q♅. ♂⚼♇.
4 ☉☌☿. ♀±♂. ♀∠♃.
5 ☿☌♀.
6 ☿±♂. ☿∠♃.
7 ☉∇♂. ☿Q♅.
8 ☿∠♆. ♀∇♂. ♂±♅.
9 ☉⊥♆. ♀⊥♆.
11 ☉☌♀. ♃±♄.
12 ♀⊥♃.
13 ☉⊥♃. ☉⚹♅. ♀⚹♅. ♄Stat.
14 ♀⊻♆. ☿#♂.
15 ☉⊻♆. ☿Stat.
17 ☉∥☿. ☉#♂. ☿#♂.
18 ♀⊻♃.
19 ☿∥♀. ♀#♂.
20 ☉⊻♃. ☿±♂.
21 ♀⊻♇. 22 ♀△♄.
24 ☉△♄. ☉⊻♇.
25 ☿∠♆. ♀∠♅. ☿#♂.
26 ☿∇♂. ☿Q♅. ♀⊥♇.
27 ♀☍♂. ☉∥♇.
28 ♂±♇. ♀∥♇.
29 ☉☍♂. ☉∠♅.
30 ☉⊥♇. ☉∥♀.
31 ♂⚼♅. ♄□♇.

LAST QUARTER – Jan. 7,10h.39m. (17°♎01′)

NEW MOON–Feb.14,02h.51m. (25°≈18′)

D	D	Sidereal	☉	☉	☽	☽	☽	☽		24h.	
M	W	Time	Long.	Dec.	Long.	Lat.	Dec.	Node		☽ Long.	☽ Dec.

		h m s	° ′ ″	° ′	° ′ ″	° ′	° ′	° ′		° ′ ″	° ′
1	M	20 46 21	12≈30 54	17 S 03	14♍12 20	4 S 13	2 N19	19♑58	21♍38 07	0 S 54
2	T	20 50 17	13 31 46	16 46	28 58 18	4 52	4 S 04	19 55	6♎12 12	7 08
3	W	20 54 14	14 32 38	16 28	13♎19 22	5 12	10 03	19 51	20 19 31	12 48
4	Th	20 58 10	15 33 28	16 10	27 12 34	5 13	15 21	19 48	3♏58 34	17 39
5	F	21 02 07	16 34 18	15 52	10♏37 46	4 57	19 42	19 45	17 10 29	21 28
6	S	21 06 03	17 35 06	15 34	23 37 07	4 25	22 57	19 42	29 58 09	24 08
7	Su	21 10 00	18 35 54	15 15	6♐14 07	3 42	24 59	19 39	12♐25 33	25 31
8	M	21 13 56	19 36 41	14 56	18 33 02	2 49	25 45	19 36	24 37 05	25 39
9	T	21 17 53	20 37 27	14 37	0♑38 16	1 49	25 15	19 32	6♑37 04	24 34
10	W	21 21 50	21 38 12	14 18	12 34 00	0 S 46	23 36	19 29	18 29 30	22 23
11	Th	21 25 46	22 38 56	13 58	24 23 59	0 N19	20 56	19 26	0≈17 50	19 15
12	F	21 29 43	23 39 38	13 38	6≈11 25	1 23	17 23	19 23	12 05 01	15 21
13	S	21 33 39	24 40 19	13 18	17 58 56	2 23	13 11	19 20	23 53 25	10 53
14	Su	21 37 36	25 40 59	12 58	29 48 43	3 16	8 28	19 16	5 X 45 02	5 59
15	M	21 41 32	26 41 37	12 37	11 X 42 35	4 02	3 S 26	19 13	17 41 35	0 S 51
16	T	21 45 29	27 42 14	12 16	23 42 14	4 37	1 N44	19 10	29 44 44	4 N20
17	W	21 49 25	28 42 49	11 55	5 Υ 49 21	5 00	6 54	19 07	11 Υ 56 18	9 25
18	Th	21 53 22	29≈43 22	11 34	18 05 51	5 10	11 52	19 04	24 18 20	14 13
19	F	21 57 19	0 X 43 54	11 13	0 ♉ 34 02	5 05	16 26	19 01	6 ♉ 53 18	18 29
20	S	22 01 15	1 44 24	10 51	13 16 29	4 45	20 21	18 57	19 43 59	22 00
21	Su	22 05 12	2 44 52	10 30	26 16 08	4 11	23 23	18 54	2 ♊ 53 20	24 28
22	M	22 09 08	3 45 18	10 08	9 ♊ 35 54	3 22	25 13	18 51	16 24 08	25 36
23	T	22 13 05	4 45 43	9 46	23 18 15	2 20	25 36	18 48	0 ♋ 18 25	25 12
24	W	22 17 01	5 46 05	9 24	7♋24 38	1 N09	24 22	18 45	14 36 49	23 08
25	Th	22 20 58	6 46 25	9 02	21 54 40	0 S 09	21 30	18 42	29 17 44	19 30
26	F	22 24 54	7 46 44	8 39	6 ♌ 45 24	1 28	17 09	18 38	14 ♌ 16 50	14 32
27	S	22 28 51	8 47 01	8 17	21 51 02	2 42	11 40	18 35	29 26 50	8 37
28	Su	22 32 48	9 X 47 15	7 S 54	7♍03 01	3 S 45	5 N26	18♑32	14♍38 38	2 N11

D	Mercury			Venus			Mars			Jupiter		
M	Lat.	Dec.		Lat.	Dec.		Lat.	Dec.		Lat.	Dec.	

	° ′	° ′	° ′	° ′	° ′	° ′	° ′	° ′	° ′	° ′	° ′	
1	0 N15	21 S 57	21 S 55	1 S 20	16 S 53	16 S 30	4 N 32	22 N27	22 N 33	0 S 55	11 S 09	
3	0 S 03	21 53	21 50	1 22	16 07	15 44	4 32	22 39	22 45	0 55	10 59	
5	0 20	21 45	21 39	1 24	15 20	14 56	4 31	22 50	22 56	0 55	10 49	
7	0 36	21 32	21 23	1 25	14 32	14 07	4 30	23 01	23 06	0 55	10 39	
9	0 51	21 14	21 03	1 26	13 41	13 16	4 28	23 11	23 15	0 55	10 28	
11	1 04	20 51	20 38	1 27	12 50	12 23	4 26	23 19	23 23	0 55	10 18	
13	1 17	20 23	20 07	1 27	11 57	11 30	4 24	23 26	23 30	0 55	10 07	
15	1 28	19 50	19 31	1 28	11 02	10 34	4 22	23 33	23 36	0 56	9 57	
17	1 38	19 11	18 50	1 28	10 07	9 38	4 19	23 38	23 41	0 56	9 46	
19	1 47	18 28	18 04	1 27	9 10	8 41	4 16	23 43	23 44	0 56	9 35	
21	1 54	17 39	17 13	1 27	8 12	7 43	4 12	23 46	23 47	0 56	9 25	
23	2 00	16 45	16 16	1 26	7 14	6 44	4 09	23 48	23 49	0 56	9 14	
25	2 05	15 46	15 14	1 25	6 15	5 45	4 05	23 50	23 50	0 56	9 03	
27	2 08	14 41	14 07	1 24	5 15	4 45	4 01	23 50	23 50	0 56	8 52	
29	2 09	13 31	12 S 54	1 22	4 14	3 S 44	3 57	23 50	23 N 49	0 56	8 41	
31	2 S 09	12 S 16		1 S 21	3 S 13		3 N 53	23 N48		0 S 56	8 S 30	

FIRST QUARTER–Feb.22,00h.42m. (3°♊17′)

FULL MOON – Feb.28,16h.38m. (9°♏59′)

EPHEMERIS]				FEBRUARY		2010											5
D	☿	♀	♂	♃	♄	♅	♆	♇	Lunar Aspects								
M	Long.	Long.	Long.	Long.	Long.	Long.	Long.	Long.	☉	☿	♀	♂	♃	♄	♅	♆	♇
1	18♑19	17≈27	8♋44	3⊁18	4⚍20	24⊁14	25≈39	4♑22		△		⊻					
2	19 32	18 42	8R 20	3 32	4R 18	24 17	25 41	4 24	⚍		⚌	⊻	σ	σ°			⚍
3	20 47	19 58	7 57	3 46	4 16	24 20	25 44	4 26	△			✳	⚍			⚍	
4	22 04	21 13	7 33	4 00	4 14	24 22	25 46	4 28		□	△					△	
5	23 22	22 28	7 10	4 14	4 11	24 25	25 48	4 29	□			□	△	⊻	⚍		✳
6	24 41	23 43	6 48	4 28	4 09	24 28	25 50	4 31		✳	□			∠	△	□	∠
7	26 01	24 59	6 25	4 42	4 06	24 31	25 53	4 33		∠		△	□	✳			⊻
8	27 23	26 14	6 04	4 57	4 04	24 34	25 55	4 35	✳			⚍			□		
9	28♑46	27 29	5 42	5 11	4 01	24 37	25 57	4 36	∠	⊻	✳		✳	□		✳	σ
10	0≈10	28 44	5 21	5 25	3 58	24 40	25 59	4 38		∠						∠	
11	1 35	29≈59	5 01	5 39	3 55	24 43	26 02	4 39	⊻			∠		✳	⊻		
12	3 02	1⊁15	4 41	5 54	3 52	24 46	26 04	4 41		σ	⊻	σ°	⊻	△	∠		⊻
13	4 29	2 30	4 22	6 08	3 49	24 49	26 06	4 43					⚍				∠
14	5 57	3 45	4 03	6 22	3 46	24 52	26 09	4 44	σ		σ				⊻	σ	✳
15	7 26	5 00	3 45	6 37	3 43	24 55	26 11	4 46		⊻			σ				
16	8 56	6 15	3 28	6 51	3 40	24 58	26 13	4 47	⊻	∠		⚍		σ	⊻		
17	10 27	7 30	3 11	7 06	3 36	25 01	26 15	4 49		✳	⊻	△	⚍	σ°		∠	□
18	11 59	8 45	2 55	7 20	3 33	25 05	26 18	4 50	∠			△		∠			
19	13 32	10 00	2 40	7 34	3 29	25 08	26 20	4 51	✳		∠		✳		⊻	✳	△
20	15 06	11 15	2 25	7 49	3 26	25 11	26 22	4 53		□	✳		✳	⚍	∠		
21	16 41	12 30	2 12	8 03	3 22	25 14	26 24	4 54				✳			✳	□	⚍
22	18 16	13 45	1 59	8 18	3 18	25 18	26 27	4 56	□		□		□	△			
23	19 53	15 00	1 46	8 32	3 15	25 21	26 29	4 57		△		∠			□	△	
24	21 31	16 15	1 35	8 47	3 11	25 24	26 31	4 58	△	⚍		⊻	△	□		⚍	σ°
25	23 09	17 30	1 24	9 01	3 07	25 27	26 33	4 59	⚍		△		△			△	
26	24 49	18 45	1 15	9 16	3 03	25 31	26 36	5 01			⚍	σ		✳	⚍		
27	26 30	20 00	1 06	9 30	2 59	25 34	26 38	5 02	σ°					∠		σ°	⚍
28	28≈11	21⊁15	0♋57	9⊁45	2⚍55	25⊁37	26≈40	5♑03	σ°		⊻	σ°	⊻			△

D	Saturn		Uranus		Neptune		Pluto		Mutual Aspects
M	Lat.	Dec.	Lat.	Dec.	Lat.	Dec.	Lat.	Dec.	1 ☿∠♃.
1	2N26	0N31	0S44	2S58	0S25	13S22	5N05	18S17	2 ☿⊥♆. ♀⚍h. ♀⊥♅.
3	2 27	0 33	0 44	2 55	0 25	13 20	5 05	18 17	3 ♀∠♇. 5 ♃▽h.
5	2 27	0 35	0 44	2 53	0 25	13 19	5 05	18 17	6 ☿✳♅. ♃✳♇.
7	2 28	0 38	0 44	2 51	0 25	13 17	5 05	18 16	7 ⊙⚍h. ⊙⊥♅. ☿⊻♆. ♀⊻♅.
9	2 28	0 40	0 44	2 48	0 25	13 16	5 05	18 16	8 ⊙∠♇. ♀σ♆.
									9 ☿⊥♃. ♀±h.
11	2 29	0 43	0 44	2 46	0 25	13 14	5 05	18 16	10 ♂▽♃. ♀∥♆.
13	2 29	0 46	0 43	2 43	0 25	13 13	5 05	18 16	12 ♂▽♇.
15	2 29	0 49	0 43	2 41	0 25	13 11	5 05	18 16	13 ⊙⊻♅. ☿σ°σ°. ☿△h. ☿⊻♇. ⊙∥♆.
17	2 30	0 52	0 43	2 38	0 25	13 10	5 05	18 16	14 ⊙⊻♈. ☿⚍⚍. ♀▽σ° ♀▽h
19	2 30	0 55	0 43	2 36	0 25	13 08	5 05	18 16	15 ♀✳♇. ♂✳h.
									16 ⊙±h.
21	2 31	0 58	0 43	2 33	0 25	13 07	5 05	18 16	17 ☿∠♅. ☿⊥♇. ♀σ♃.
23	2 31	1 01	0 43	2 31	0 25	13 05	5 05	18 16	18 ♀±σ°. ♀∥♃.
25	2 31	1 05	0 43	2 28	0 25	13 04	5 05	18 16	20 ☿∥♇.
27	2 32	1 08	0 43	2 25	0 26	13 02	5 05	18 15	21 ⊙▽♂. ♂±♃.
29	2 32	1 12	0 43	2 23	0 26	13 01	5 06	18 15	22 ⊙▽h. ☿⚍h.
31	2N32	1N15	0S43	2S20	0S26	12S59	5N06	18S15	23 ⊙✳♇. ☿⊥♅. ☿∠♇.
									24 ♀⚍σ°.
									25 ♀⚍♇. ⊙∥♃.
									26 ⊙±σ°. ♀✳♆.
									27 ☿±h. ☿σ♆.
									28 ⊙σ♃.

LAST QUARTER – Feb. 5,23h.48m. (17°♏04′)

6					MARCH		2010				[RAPHAEL'S
D	D	Sidereal	☉	☉	☽	☽	☽	☽	☽		24h.
M	W	Time	Long.	Dec.	Long.	Lat.	Dec.	Node	☽ Long.		☽ Dec.

		h m s	° ′ ″	° ′	° ′ ″	° ′	° ′	° ′	° ′ ″		° ′
1	M	22 36 44	10♓47 28	7 S 31	22♏11 12	4 S 32	1 S 04	18♑29	29♏40 39		4 S 17
2	T	22 40 41	11 47 39	7 08	7♎05 28	4 59	7 24	18 26	14♎24 40		10 22
3	W	22 44 37	12 47 49	6 45	21 37 27	5 06	13 10	18 22	28 43 16		15 44
4	Th	22 48 34	13 47 57	6 22	5♏41 45	4 55	18 03	18 19	12♏32 46		20 05
5	F	22 52 30	14 48 03	5 59	19 16 20	4 26	21 49	18 16	25 52 46		23 13
6	S	22 56 27	15 48 08	5 36	2✗22 08	3 45	24 18	18 13	8✗45 11		25 03
7	Su	23 00 23	16 48 11	5 13	15 02 21	2 54	25 28	18 10	21 14 16		25 34
8	M	23 04 20	17 48 13	4 49	27 21 33	1 55	25 20	18 07	3♑24 54		24 48
9	T	23 08 17	18 48 13	4 26	9♑24 58	0 S 53	23 59	18 03	15 22 25		22 55
10	W	23 12 13	19 48 12	4 02	21 17 53	0 N10	21 35	18 00	27 11 59		20 02
11	Th	23 16 10	20 48 09	3 39	3≈05 17	1 13	18 17	17 57	8≈58 20		16 22
12	F	23 20 06	21 48 04	3 15	14 51 36	2 12	14 17	17 54	20 45 31		12 03
13	S	23 24 03	22 47 57	2 51	26 40 29	3 05	9 43	17 51	2♓36 49		7 17
14	Su	23 27 59	23 47 48	2 28	8♓34 48	3 51	4 S 47	17 48	14 34 41		2 S 13
15	M	23 31 56	24 47 38	2 04	20 36 38	4 27	0 N22	17 44	26 40 49		2 N58
16	T	23 35 52	25 47 25	1 40	2♈47 20	4 51	5 33	17 41	8♈56 17		8 06
17	W	23 39 49	26 47 11	1 17	15 07 45	5 01	10 35	17 38	21 21 47		12 59
18	Th	23 43 46	27 46 54	0 53	27 38 27	4 58	15 16	17 35	3♉57 49		17 24
19	F	23 47 42	28 46 35	0 29	10♉20 00	4 40	19 21	17 32	16 45 05		21 05
20	S	23 51 39	29♓46 15	0 S 05	23 13 14	4 07	22 34	17 28	29 44 35		23 46
21	Su	23 55 35	0♈45 52	0 N18	6♊19 21	3 21	24 40	17 25	12♊57 45		25 13
22	M	23 59 32	1 45 26	0 42	19 39 59	2 23	25 25	17 22	26 26 17		25 14
23	T	0 03 28	2 44 59	1 06	3♋06 51	1 16	24 40	17 19	9♋53 23		23 43
24	W	0 07 25	3 44 29	1 29	17 11 29	0 N03	22 23	17 16	24 15 41		20 42
25	Th	0 11 21	4 43 57	1 53	1♌24 26	1 S 11	18 41	17 13	8♌37 32		16 22
26	F	0 15 18	5 43 22	2 16	15 54 40	2 23	13 48	17 09	23 15 19		11 00
27	S	0 19 15	6 42 45	2 40	0♍38 52	3 26	8 02	17 06	8♍04 31		4 N57
28	Su	0 23 11	7 42 06	3 03	15 31 17	4 15	1 N47	17 03	22 58 10		1 S 24
29	M	0 27 08	8 41 25	3 27	0♎24 03	4 48	4 S 33	17 00	7♎47 47		7 38
30	T	0 31 04	9 40 41	3 50	15 08 17	5 00	10 35	16 57	22 24 34		13 21
31	W	0 35 01	10♈39 56	4 N13	29♎35 43	4 S 54	15 S 54	16♑53	6♏41 01		18 S 12

D	Mercury			Venus			Mars			Jupiter		
M	Lat.	Dec.		Lat.	Dec.		Lat.	Dec.		Lat.	Dec.	
	° ′	° ′	° ′	° ′	° ′	° ′	° ′	° ′	° ′	° ′	° ′	
1	2 S 09	13 S 31	12 S 54	1 S 22	4 S 14	3 S 44	3 N 57	23 N50	23 N 49	0 S 56	8 S 41	
3	2 09	12 16	11 37	1 21	3 13	2 43	3 53	23 48	23 48	0 56	8 30	
5	2 06	10 56	10 14	1 18	2 12	1 41	3 49	23 47	23 45	0 56	8 20	
7	2 02	9 30	8 46	1 16	1 11	0 S 40	3 45	23 44	23 42	0 56	8 09	
9	1 56	8 00	7 13	1 14	0 S 09	0 N22	3 41	23 40	23 38	0 57	7 58	
11	1 48	6 25	5 35	1 11	0 N53	1 24	3 36	23 36	23 34	0 57	7 47	
13	1 38	4 45	3 54	1 08	1 55	2 25	3 32	23 32	23 29	0 57	7 36	
15	1 26	3 01	2 08	1 05	2 56	3 27	3 28	23 26	23 23	0 57	7 25	
17	1 11	1 S 13	0 S 18	1 01	3 58	4 28	3 24	23 20	23 17	0 57	7 14	
19	0 54	0 N37	1 N 33	0 58	4 59	5 29	3 19	23 14	23 10	0 57	7 03	
21	0 35	2 30	3 27	0 54	5 59	6 29	3 15	23 07	23 03	0 57	6 52	
23	0 S 14	4 23	5 20	0 50	6 59	7 29	3 11	22 59	22 55	0 58	6 42	
25	0 N08	6 16	7 11	0 46	7 59	8 28	3 07	22 51	22 47	0 58	6 31	
27	0 31	8 06	8 59	0 41	8 57	9 26	3 03	22 42	22 38	0 58	6 20	
29	0 55	9 51	10 N 42	0 37	9 55	10 N24	2 59	22 33	22 N 29	0 58	6 09	
31	1 N19	11 N31		0 S 32	10 N52		2 N 55	22 N24		0 S 58	5 S 59	

FULL MOON–Mar.30,02h.25m. (9°♎17′)

EPHEMERIS] MARCH 2010

D M	☿ Long.	♀ Long.	♂ Long.	♃ Long.	♄ Long.	♅ Long.	♆ Long.	♇ Long.	Lunar Aspects ☉	☿	♀	♂	♃	♄	♅	♆	♇
	° ′	° ′	° ′	° ′	° ′	° ′	° ′	° ′									
1	29♒54	22♓30	0♌50	9♓59	2♎50	25♓41	26♒42	5♑04			☍	∠			☍		
2	1♓37	23 45	0R 43	10 14	2R 46	25 44	26 45	5 05				✱		☌		⚼	□
3	3 22	24 59	0 37	10 28	2 42	25 47	26 47	5 06	⚼	⚼			⚼			△	
4	5 08	26 14	0 32	10 43	2 38	25 51	26 49	5 07		△	⚼	□	△	⚺	⚼		✱
5	6 55	27 29	0 28	10 57	2 33	25 54	26 51	5 08	△					∠			∠
6	8 43	28 44	0 24	11 12	2 29	25 57	26 53	5 09			△	△		✱	△	□	⚺
7	10 32	29♓58	0 22	11 26	2 25	26 01	26 56	5 10	□	□		⚼	□				
8	12 22	1♈13	0 20	11 41	2 20	26 04	26 58	5 11			□			□	□	✱	
9	14 13	2 28	0 18	11 55	2 16	26 08	27 00	5 12		✱			✱			∠	☌
10	16 05	3 42	0 18	12 10	2 11	26 11	27 02	5 13	✱						✱	⚺	
11	17 59	4 57	0D 18	12 24	2 06	26 14	27 04	5 14	∠	∠	✱	☍	∠	△			⚺
12	19 53	6 11	0 19	12 38	2 02	26 18	27 06	5 15					⚺	⚼	∠		∠
13	21 48	7 26	0 21	12 53	1 57	26 21	27 09	5 16	⚺	⚺	∠				⚺	☌	
14	23 45	8 40	0 23	13 07	1 53	26 25	27 11	5 16			⚺		☌				✱
15	25 42	9 55	0 26	13 22	1 48	26 28	27 13	5 17	☌			⚼			☌		
16	27 40	11 09	0 30	13 36	1 43	26 32	27 15	5 18		☌		△		☍		⚺	□
17	29♓39	12 24	0 34	13 50	1 39	26 35	27 17	5 18			☌		⚺			∠	
18	1♈39	13 38	0 39	14 05	1 34	26 38	27 19	5 19	⚺	⚺		□	∠		⚺	✱	
19	3 39	14 53	0 45	14 19	1 29	26 42	27 21	5 20	∠		⚺		✱	⚼	∠		△
20	5 39	16 07	0 52	14 33	1 24	26 45	27 23	5 20		∠					✱	□	⚼
21	7 39	17 21	0 59	14 47	1 20	26 49	27 25	5 21	✱	✱	∠	✱		△			
22	9 40	18 36	1 06	15 02	1 15	26 52	27 27	5 21			✱	∠	□				
23	11 39	19 50	1 15	15 16	1 10	26 56	27 29	5 22	□			⚺		□	□	△	☍
24	13 38	21 04	1 24	15 30	1 06	26 59	27 31	5 22		□	□		△			⚼	
25	15 36	22 18	1 33	15 44	1 01	27 02	27 33	5 23	△			☌	⚼	✱	△		
26	17 33	23 33	1 43	15 58	0 56	27 06	27 35	5 23	⚼	△				∠	⚼		⚼
27	19 28	24 47	1 54	16 12	0 51	27 09	27 36	5 23		⚼	△	⚺		⚺		☍	△
28	21 20	26 01	2 05	16 26	0 47	27 13	27 38	5 24			⚼	∠	☍				
29	23 10	27 15	2 17	16 40	0 42	27 16	27 40	5 24				✱		☌	☍		□
30	24 57	28 29	2 29	16 54	0 37	27 19	27 42	5 24	☍							⚼	
31	26♈41	29♈43	2♌42	17♓08	0♎33	27♓23	27♒44	5♑25		☍	☍	□	⚼	⚺		△	✱

D M	Saturn Lat.	Saturn Dec.	Uranus Lat.	Uranus Dec.	Neptune Lat.	Neptune Dec.	Pluto Lat.	Pluto Dec.
	° ′	° ′	° ′	° ′	° ′	° ′	° ′	° ′
1	2N32	1N12	0S43	2S23	0S26	13S01	5N06	18S15
3	2 32	1 15	0 43	2 20	0 26	12 59	5 06	18 15
5	2 33	1 19	0 43	2 17	0 26	12 58	5 06	18 15
7	2 33	1 23	0 43	2 15	0 26	12 56	5 06	18 15
9	2 33	1 27	0 43	2 12	0 26	12 55	5 06	18 14
11	2 33	1 30	0 43	2 09	0 26	12 53	5 06	18 14
13	2 34	1 34	0 43	2 07	0 26	12 52	5 06	18 14
15	2 34	1 38	0 43	2 04	0 26	12 51	5 06	18 14
17	2 34	1 42	0 43	2 01	0 26	12 49	5 06	18 14
19	2 34	1 46	0 43	1 58	0 26	12 48	5 07	18 14
21	2 34	1 50	0 43	1 56	0 26	12 46	5 07	18 13
23	2 34	1 53	0 43	1 53	0 26	12 45	5 07	18 13
25	2 34	1 57	0 43	1 50	0 26	12 44	5 07	18 13
27	2 34	2 01	0 43	1 47	0 26	12 43	5 07	18 13
29	2 34	2 05	0 43	1 45	0 26	12 41	5 07	18 13
31	2N34	2N08	0S43	1S42	0S26	12S40	5N07	18S13

Mutual Aspects

2 ☿∇♂. ♄±♆. ☿∥♆.
3 ☿∇♄.
4 ☿✱♇. ♀☌♅. ♀⚺♆.
5 ☿±♂. ♀∥♅.
6 ☉⚼♂.
7 ☉Q♇. ♀△♂. ♀#♄.
8 ☿☌♃.
9 ♀☍♄. ♀⊥♆. ☿∥♃.
10 ☿⚼♂. ♂Stat.
11 ☿Q♇. ♀□♇.
12 ♀∥♄. 13 ♀#♅.
14 ☉☌☿. ☉#♀.
15 ☿☌♅. ☉∥♅. ☿#♀.
16 ☿⚺♆. ☉#♄. ☿#♄. ☿∥♅.
17 ☉☌♅. ☿△♂. ♀∠♆. ☉∥☿.
18 ☉⚺♆. ☿☍♄. ♀⚺♃.
19 ☿⊥♆. ☉#☿.
20 ☿□♇. ☿∥♄. ☿#♅.
21 ☉△♂. 22 ☉☍♄.
23 ☿∠♆. ♂✱♄. ♀#♃. ♄#♅.
24 ☉⊥♆. ♀⊥♃.
25 ☿⚺♃. ☉∥♄. ☉#♅. ☿#♃.
26 ☉□♇.
29 ☿⊥♃. ♀⚺♅. ♀✱♆. ☿∥♀.
31 ☿⚺♅.

LAST QUARTER–Mar. 7,15h.42m. (16°♐57′)

NEW MOON–Apr.14,12h.29m. (24°♈27′)

D	D	Sidereal	☉	☉	☽	☽	☽	☽		24h.	
M	W	Time	Long.	Dec.	Long.	Lat.	Dec.	Node	☽ Long.	☽ Dec.

		h m s	° ′ ″	° ′	° ′ ″	° ′	° ′	° ′	° ′ ″	° ′
1	Th	0 38 57	11♈39 08	4 N36	13 ♏ 39 56	4 S29	20 S 13	16 ♑ 50	20 ♏ 32 06	21 S 54
2	F	0 42 54	12 38 19	5 00	27 17 22	3 49	23 16	16 47	3 ✶ 55 44	24 17
3	S	0 46 50	13 37 28	5 23	10 ✶ 27 22	2 59	24 58	16 44	16 52 36	25 17
4	Su	0 50 47	14 36 35	5 45	23 11 51	2 00	25 16	16 41	29 25 38	24 56
5	M	0 54 44	15 35 41	6 08	5♑34 34	0 S 58	24 17	16 38	11 ♑ 39 17	23 21
6	T	0 58 40	16 34 44	6 31	17 40 27	0 N06	22 10	16 34	23 38 47	20 45
7	W	1 02 37	17 33 46	6 54	29 34 57	1 09	19 07	16 31	5 ≈ 29 40	17 18
8	Th	1 06 33	18 32 46	7 16	11 ≈ 23 36	2 08	15 19	16 28	17 17 22	13 11
9	F	1 10 30	19 31 45	7 38	23 11 34	3 01	10 56	16 25	29 06 47	8 35
10	S	1 14 26	20 30 41	8 01	5 ✶ 03 30	3 47	6 08	16 22	11 ✶ 02 11	3 S 38
11	Su	1 18 23	21 29 36	8 23	17 03 12	4 23	1 S 05	16 19	23 06 53	1 N30
12	M	1 22 19	22 28 28	8 45	29 13 30	4 48	4 N05	16 15	5 ♈ 23 13	6 39
13	T	1 26 16	23 27 19	9 07	11 ♈ 36 10	4 59	9 11	16 12	17 52 26	11 38
14	W	1 30 13	24 26 08	9 28	24 12 01	4 57	13 59	16 09	0 ♉ 34 51	16 12
15	Th	1 34 09	25 24 55	9 50	7 ♉ 00 54	4 39	18 15	16 06	13 30 03	20 06
16	F	1 38 06	26 23 40	10 11	20 02 10	4 07	21 43	16 03	26 37 10	23 03
17	S	1 42 02	27 22 23	10 32	3 ♊ 14 55	3 21	24 06	15 59	9 ♊ 55 20	24 48
18	Su	1 45 59	28 21 04	10 53	16 38 21	2 24	25 09	15 56	23 23 55	25 08
19	M	1 49 55	29 ♈ 19 43	11 14	0 ♋ 12 03	1 17	24 48	15 53	7 ♋ 02 44	23 56
20	T	1 53 52	0 ♉ 18 19	11 35	13 56 02	0 N05	22 48	15 50	20 51 56	21 18
21	W	1 57 48	1 16 54	11 55	27 50 30	1 S 08	19 29	15 47	4 ♌ 51 43	17 22
22	Th	2 01 45	2 15 26	12 15	11 ♌ 55 32	2 18	15 00	15 44	19 01 50	12 25
23	F	2 05 42	3 13 55	12 35	26 10 27	3 21	9 39	15 40	3 ♍ 21 05	6 44
24	S	2 09 38	4 12 23	12 55	10 ♍ 33 22	4 11	3 N41	15 37	17 46 48	0 N41
25	Su	2 13 35	5 10 48	13 15	25 00 47	4 45	2 S 23	15 34	2 ♎ 14 41	5 S 25
26	M	2 17 31	6 09 11	13 34	9 ♎ 27 43	5 01	8 22	15 31	16 39 08	11 11
27	T	2 21 28	7 07 33	13 53	23 48 07	4 58	13 51	15 28	0 ♏ 53 56	16 19
28	W	2 25 24	8 05 52	14 12	7 ♏ 55 52	4 37	18 31	15 25	14 53 18	20 27
29	Th	2 29 21	9 04 10	14 31	21 45 42	4 00	22 04	15 21	28 32 43	23 21
30	F	2 33 17	10 ♉ 02 26	14 N50	5 ✶ 14 06	3 S 10	24 S 17	15 ♑ 18	11 ✶ 49 43	24 S 52

D	Mercury			Venus			Mars			Jupiter		
M	Lat.	Dec.		Lat.	Dec.		Lat.	Dec.		Lat.	Dec.	

	° ′	° ′	° ′	° ′	° ′	° ′	° ′	° ′	° ′	° ′	° ′	° ′
1	1 N31	12 N18	13 N 02	0 S 30	11 N20	11 N48	2 N 53	22 N19	22 N 14	0 S 59	5 S 53	
3	1 53	13 44	14 24	0 25	12 16	12 43	2 49	22 09	22 03	0 59	5 43	
5	2 13	15 01	15 35	0 20	13 10	13 37	2 46	21 58	21 52	0 59	5 32	
7	2 31	16 06	16 34	0 15	14 03	14 29	2 42	21 47	21 41	0 59	5 22	
9	2 45	17 00	17 22	0 09	14 55	15 20	2 38	21 35	21 29	1 00	5 12	
11	2 55	17 41	17 57	0 S 04	15 45	16 09	2 35	21 23	21 17	1 00	5 01	
13	3 01	18 09	18 19	0 N 01	16 33	16 57	2 32	21 11	21 04	1 00	4 51	
15	3 03	18 25	18 28	0 07	17 20	17 43	2 28	20 58	20 51	1 00	4 41	
17	2 58	18 27	18 24	0 12	18 05	18 27	2 25	20 44	20 37	1 01	4 31	
19	2 49	18 17	18 07	0 17	18 49	19 10	2 21	20 30	20 23	1 01	4 21	
21	2 33	17 54	17 38	0 23	19 30	19 50	2 18	20 16	20 09	1 01	4 11	
23	2 13	17 20	16 59	0 28	20 09	20 28	2 15	20 01	19 54	1 01	4 01	
25	1 47	16 36	16 11	0 34	20 47	21 04	2 12	19 46	19 38	1 02	3 52	
27	1 17	15 44	15 17	0 39	21 21	21 38	2 09	19 30	19 22	1 02	3 42	
29	0 45	14 48	14 N 19	0 45	21 54	22 N09	2 06	19 14	19 N 06	1 02	3 33	
31	0 N10	13 N50		0 N 50	22 N24		2 N 03	18 N58		1 S 03	3 S 23	

FIRST QUARTER–Apr.21,18h.20m. (1°♌32′)

FULL MOON–Apr.28,12h.18m. (8°♏07′)

D M	☿ Long.	♀ Long.	♂ Long.	♃ Long.	♄ Long.	♅ Long.	♆ Long.	♇ Long.	☉	☿	♀	♂	♃	♄	♅	♆	♇
	° ′	° ′	° ′	° ′	° ′	° ′	° ′	° ′									
1	28♈20	0♉57	2♌55	17♓22	0♎28	27♓26	27♒45	5♑25					△	∠	⚼		∠
2	29♈56	2 11	3 09	17 36	0R 24	27 29	27 47	5 25	⚼			△		✱	△	□	
3	1♉27	3 25	3 23	17 49	0 19	27 33	27 49	5 25	△								⚺
4	2 53	4 38	3 38	18 03	0 15	27 36	27 51	5 25		⚼	⚼	⚼	□		□	✱	
5	4 14	5 52	3 53	18 17	0 10	27 39	27 52	5 25		△	△			□			☌
6	5 29	7 06	4 09	18 31	0 06	27 43	27 54	5 25	□				✱			∠	
7	6 39	8 20	4 25	18 44	0♎01	27 46	27 56	5R 25				☍	∠	△	✱	⚺	⚺
8	7 43	9 33	4 41	18 58	29♍57	27 49	27 57	5 25		□	□			⚼	∠		
9	8 41	10 47	4 58	19 11	29 53	27 53	27 59	5 25	✱				⚺		⚺	☌	∠
10	9 32	12 01	5 16	19 25	29 48	27 56	28 00	5 25	∠	✱							✱
11	10 18	13 14	5 33	19 38	29 44	27 59	28 02	5 25	⚺		✱	⚼	☌				
12	10 57	14 28	5 51	19 51	29 40	28 02	28 04	5 25		∠	∠			☍	☌	⚺	
13	11 30	15 42	6 10	20 05	29 36	28 05	28 05	5 25		⚺	⚺	△				∠	□
14	11 56	16 55	6 29	20 18	29 32	28 09	28 07	5 24	☌				⚺		⚺	✱	
15	12 16	18 09	6 48	20 31	29 28	28 12	28 08	5 24		☌		□	∠		∠		△
16	12 29	19 22	7 08	20 44	29 24	28 15	28 09	5 24			☌		✱	⚼			⚼
17	12 37	20 35	7 28	20 57	29 20	28 18	28 11	5 24	⚺			✱		△	✱	□	
18	12R 38	21 49	7 48	21 10	29 16	28 21	28 12	5 23	∠	⚺	⚺	∠	□				
19	12 33	23 02	8 09	21 23	29 12	28 24	28 13	5 23	✱	∠				□	□	△	☍
20	12 22	24 15	8 30	21 36	29 08	28 27	28 15	5 22		✱	∠	⚺				⚼	
21	12 06	25 29	8 52	21 49	29 05	28 30	28 16	5 22	□		✱		△	✱	△		
22	11 45	26 42	9 13	22 02	29 01	28 33	28 17	5 22		□		☌	⚼	∠	⚼		
23	11 20	27 55	9 36	22 14	28 58	28 36	28 19	5 21			□			⚺		☍	⚼
24	10 50	29♉08	9 58	22 27	28 54	28 39	28 20	5 21	△	△		⚺					△
25	10 17	0♊21	10 21	22 39	28 51	28 42	28 21	5 20	⚼	⚼	△	∠	☍	☌	☍		
26	9 42	1 34	10 44	22 52	28 48	28 45	28 22	5 19				✱				⚼	□
27	9 04	2 47	11 07	23 04	28 45	28 48	28 23	5 19			⚼			⚺		△	
28	8 25	4 00	11 30	23 17	28 41	28 51	28 24	5 18	☍	☍		□	⚼	∠	⚼		✱
29	7 45	5 13	11 54	23 29	28 38	28 53	28 25	5 18					△			□	∠
30	7♉06	6♊26	12♌18	23♓41	28♍35	28♓56	28♒26	5♑17			☍			✱	△		⚺

D M	Saturn Lat.	Saturn Dec.	Uranus Lat.	Uranus Dec.	Neptune Lat.	Neptune Dec.	Pluto Lat.	Pluto Dec.
	° ′	° ′	° ′	° ′	° ′	° ′	° ′	° ′
1	2N34	2N10	0S43	1S41	0S26	12S40	5N07	18S13
3	2 34	2 14	0 43	1 38	0 26	12 38	5 08	18 12
5	2 34	2 17	0 43	1 36	0 26	12 37	5 08	18 12
7	2 34	2 21	0 43	1 33	0 26	12 36	5 08	18 12
9	2 34	2 24	0 43	1 30	0 26	12 35	5 08	18 12
11	2 34	2 27	0 43	1 28	0 26	12 34	5 08	18 12
13	2 34	2 31	0 43	1 25	0 26	12 33	5 08	18 12
15	2 33	2 34	0 43	1 23	0 26	12 32	5 08	18 12
17	2 33	2 37	0 43	1 20	0 26	12 31	5 08	18 12
19	2 33	2 39	0 43	1 18	0 26	12 30	5 08	18 12
21	2 33	2 42	0 43	1 16	0 26	12 29	5 09	18 11
23	2 33	2 45	0 43	1 13	0 27	12 29	5 09	18 11
25	2 32	2 47	0 43	1 11	0 27	12 28	5 09	18 11
27	2 32	2 49	0 43	1 09	0 27	12 27	5 09	18 11
29	2 32	2 52	0 44	1 06	0 27	12 26	5 09	18 11
31	2N31	2N54	0S44	1S04	0S27	12S26	5N09	18S11

Mutual Aspects

1 ☿✱♆. ♀⚻♄. ♃Q♇. ☿#♆.
2 ☉∠♆. ☿⚻♄. ♀∠♃.
3 ♀□♂. ♀⊥♅.
4 ☿∠♃. ☉#♃. ♀#♆.
5 ☿□♂. ☿⊥♅. ♀±♄. ♀△♇.
6 ☿±♄. ☿△♇.
7 ♇Stat. 8 ♀Q♆.
9 ☉⚺♃.
11 ☿Q♆. ♀∠♅. ♂⚻♇.
12 ♀⚼♄.
13 ♅⚺♆. ☿#♇.
16 ☉⊥♃.
17 ♀✱♃. ♀⚼♇. ♀#♇.
18 ☉⚺♅. ☉✱♆. ☿∥♀. ☿Stat.
19 ☉⚻♄. 20 ☿#♇.
23 ♀Q♂. ♀□♆. ☉#♆. ♀∥♂.
24 ☉⊥♅. ♀△♄. ♀✱♅. ♀±♇.
25 ☉±♄. ☉△♇. ☿□♂. ☿Q♆.
26 ♄☍♅.
28 ☉☌☿. ☉∠♃. ☿∠♃. ♂±♇.
29 ♀Q♃. ♀⚻♇. ☉∥☿.
30 ☉Q♆. ☿⚺♀.

LAST QUARTER–Apr. 6,09h.37m. (16°♑29′)

NEW MOON–May 14,01h.04m. (23° ♉ 09′)

10				MAY	2010			[RAPHAEL'S

D	D	Sidereal	☉	☉	☽	☽	☽	☽	24h.
M	W	Time	Long.	Dec.	Long.	Lat.	Dec.	Node	☽ Long.	☽ Dec.

		h m s	° ′ ″	° ′	° ′ ″	° ′	° ′	° ′	° ′ ″	° ′
1	S	2 37 14	11 ♉ 00 41	15 N08	18 ✗ 19 37	2 S 11	25 S 06	15 ♋ 15	24 ✗ 43 57	25 S 00
2	Su	2 41 11	11 58 53	15 26	1 ♑ 02 57	1 07	24 33	15 12	7 ♑ 17 02	23 49
3	M	2 45 07	12 57 05	15 44	13 26 37	0 S 02	22 47	15 09	19 32 13	21 30
4	T	2 49 04	13 55 15	16 01	25 34 26	1 N03	20 00	15 05	1 ≈ 33 52	18 17
5	W	2 53 00	14 53 23	16 18	7 ≈ 31 10	2 04	16 24	15 02	13 26 59	14 21
6	Th	2 56 57	15 51 30	16 35	19 22 00	2 59	12 11	14 59	25 16 52	9 54
7	F	3 00 53	16 49 35	16 52	1 ✗ 12 14	3 46	7 31	14 56	7 ✗ 08 43	5 04
8	S	3 04 50	17 47 39	17 08	13 06 56	4 24	2 S 34	14 53	19 07 24	0 S 02
9	Su	3 08 46	18 45 42	17 24	25 10 39	4 51	2 N32	14 50	1 ♈ 17 06	5 N05
10	M	3 12 43	19 43 43	17 40	7 ♈ 27 09	5 04	7 37	14 46	13 41 05	10 06
11	T	3 16 40	20 41 42	17 56	19 59 08	5 04	12 30	14 43	26 21 27	14 48
12	W	3 20 36	21 39 41	18 11	2 ♉ 48 05	4 48	16 57	14 40	9 ♉ 19 01	18 56
13	Th	3 24 33	22 37 38	18 26	15 54 09	4 18	20 42	14 37	22 33 18	22 13
14	F	3 28 29	23 35 33	18 40	29 16 16	3 32	23 27	14 34	6 ♊ 02 44	24 21
15	S	3 32 26	24 33 27	18 55	12 ♊ 52 25	2 34	24 53	14 31	19 44 58	25 03
16	Su	3 36 22	25 31 20	19 08	26 40 02	1 26	24 49	14 27	3 ♋ 37 17	24 12
17	M	3 40 19	26 29 11	19 22	10 ♋ 36 25	0 N11	23 12	14 24	17 37 07	21 51
18	T	3 44 15	27 27 00	19 35	24 39 08	1 S 04	20 09	14 21	1 ♌ 42 12	18 08
19	W	3 48 12	28 24 48	19 48	8 ♌ 46 07	2 16	15 53	14 18	15 50 41	13 23
20	Th	3 52 09	29 ♉ 22 33	20 01	22 55 42	3 20	10 43	14 15	0 ♍ 00 59	7 54
21	F	3 56 05	0 ♊ 20 17	20 13	7 ♍ 06 19	4 12	5 N00	14 11	14 11 28	2 N02
22	S	4 00 02	1 18 00	20 25	21 16 12	4 48	0 S 58	14 08	28 20 13	3 S 56
23	Su	4 03 58	2 15 40	20 37	5 ♎ 23 13	5 07	6 50	14 05	12 ♎ 24 49	9 39
24	M	4 07 55	3 13 20	20 48	19 24 39	5 08	12 20	14 02	26 22 20	14 51
25	T	4 11 51	4 10 57	20 59	3 ♏ 17 26	4 50	17 09	13 59	10 ♏ 09 35	19 12
26	W	4 15 48	5 08 34	21 09	16 58 08	4 16	20 50	13 56	23 43 32	22 28
27	Th	4 19 44	6 06 09	21 20	0 ✗ 24 44	3 28	23 37	13 52	7 ✗ 01 45	24 26
28	F	4 23 41	7 03 43	21 29	13 34 25	2 30	24 54	13 49	20 02 40	25 01
29	S	4 27 38	8 01 16	21 39	26 26 31	1 25	24 48	13 46	2 ♑ 46 01	24 16
30	Su	4 31 34	8 58 48	21 48	9 ♑ 01 22	0 S 17	23 25	13 43	15 12 46	22 18
31	M	4 35 31	9 ♊ 56 19	21 N56	21 ♑ 20 33	0 N50	20 S 55	13 ♑ 40	27 ♑ 25 05	19 S 20

D	Mercury		Venus		Mars		Jupiter	
M	Lat.	Dec.	Lat.	Dec.	Lat.	Dec.	Lat.	Dec.

	° ′	° ′	° ′	° ′	° ′	° ′	° ′	° ′
1	0 N10	13 N50	0 N 50	22 N24	2 N 03	18 N58	1 S 03	3 S 23
3	0 S24	12 53	0 55	22 52	2 00	18 41	1 03	3 14
5	0 58	12 01	1 00	23 17	1 57	18 24	1 03	3 05
7	1 29	11 16	1 05	23 40	1 55	18 06	1 04	2 56
9	1 57	10 38	1 10	24 00	1 52	17 49	1 04	2 48

1		13 N 21		22 N38		18 N 49		
3		12 27		23 05		18 32		
5		11 37		23 29		18 15		
7		10 56		23 50		17 57		
9		10 23		24 09		17 38		

11	2 22	10 10	1 15	24 17	1 49	17 29	1 05	2 39
13	2 43	9 52	1 19	24 32	1 47	17 10	1 05	2 31
15	3 00	9 44	1 24	24 43	1 44	16 50	1 05	2 22
17	3 13	9 46	1 28	24 52	1 42	16 31	1 06	2 14
19	3 23	9 56	1 32	24 58	1 39	16 10	1 06	2 06

11		10 00		24 25		17 20		
13		9 47		24 38		17 00		
15		9 44		24 48		16 41		
17		9 50		24 56		16 21		
19		10 05		25 00		16 00		

21	3 29	10 15	1 36	25 02	1 37	15 50	1 07	1 59
23	3 31	10 42	1 39	25 02	1 34	15 29	1 07	1 51
25	3 31	11 16	1 43	24 59	1 32	15 07	1 08	1 44
27	3 27	11 55	1 46	24 54	1 30	14 45	1 08	1 37
29	3 20	12 41	1 49	24 46	1 27	14 24	1 08	1 30
31	3 S 11	13 N31	1 N 51	24 N35	1 N 25	14 N00	1 S 09	1 S 23

21		10 28		25 02		15 39		
23		10 58		25 01		15 18		
25		11 35		24 57		14 56		
27		12 17		24 50		14 34		
29		13 N 05		24 41		14 N 12		

FIRST QUARTER–May 20,23h.43m. (29° ♌ 51′)

May 6th

FULL MOON–May 27,23h.07m. (6°♐33′)

D M	☿ Long.	♀ Long.	♂ Long.	♃ Long.	♄ Long.	♅ Long.	♆ Long.	♇ Long.	☉	☿	♀	♂	♃	♄	♅	♆	♇
	° ′	° ′	° ′	° ′	° ′	° ′	° ′	° ′									
1	6♉27	7♊38	12♌42	23♓53	28♍33	28♓59	28♒27	5♑16		⚼		△	□				
2	5R 50	8 51	13 07	24 05	28R 30	29 02	28 28	5R 15	⚼	△		⚼		□	□	⚹	☌
3	5 15	10 04	13 32	24 17	28 27	29 04	28 29	5 15	△							∠	
4	4 42	11 17	13 57	24 29	28 25	29 07	28 30	5 14			⚼		⚹	△	⚹	⚺	
5	4 13	12 29	14 22	24 40	28 22	29 10	28 31	5 13		□	△		∠	⚼			⚺
6	3 47	13 42	14 48	24 52	28 20	29 12	28 32	5 12	□			☍	⚺		∠		∠
7	3 25	14 54	15 13	25 04	28 17	29 15	28 33	5 11		⚹					⚺	☌	⚹
8	3 07	16 07	15 39	25 15	28 15	29 17	28 33	5 10	⚹	∠	□						
9	2 53	17 19	16 06	25 27	28 13	29 20	28 34	5 09					☌	☍	☌	⚺	
10	2 44	18 31	16 32	25 38	28 11	29 22	28 35	5 09	∠	⚺		⚼				∠	□
11	2 40	19 44	16 59	25 49	28 09	29 25	28 35	5 08	⚺		⚹	△	⚺				
12	2D 40	20 56	17 26	26 00	28 07	29 27	28 36	5 07		☌	∠				⚺	⚹	△
13	2 45	22 08	17 53	26 11	28 05	29 30	28 37	5 06				□	∠	⚼	∠		⚼
14	2 55	23 21	18 20	26 22	28 03	29 32	28 37	5 05	☌	⚺	⚺		⚹	△	⚹	□	
15	3 09	24 33	18 48	26 33	28 02	29 34	28 38	5 03		∠		⚹					
16	3 28	25 45	19 15	26 44	28 00	29 37	28 38	5 02	⚺		●		□	□	□	△	
17	3 51	26 57	19 43	26 54	27 59	29 39	28 39	5 01	∠	⚹		∠				⚼	☍
18	4 18	28 09	20 11	27 05	27 58	29 41	28 39	5 00	⚹		⚺	⚺	△	⚹	△		
19	4 49	29♊21	20 40	27 15	27 56	29 43	28 40	4 59		□	∠		⚼	∠	⚼		
20	5 25	0♋33	21 08	27 25	27 55	29 45	28 40	4 58	□			☌		⚺		☍	⚼
21	6 04	1 45	21 37	27 35	27 54	29 47	28 40	4 57		△	⚹						△
22	6 47	2 56	22 05	27 46	27 53	29 49	28 41	4 56		⚼		⚺	☍	☌			
23	7 34	4 08	22 34	27 55	27 53	29 51	28 41	4 54	△		□	∠			☍		□
24	8 24	5 20	23 04	28 05	27 52	29 53	28 41	4 53	⚼			⚹				⚼	
25	9 18	6 31	23 33	28 15	27 51	29 55	28 42	4 52		☍	△			⚺		△	⚹
26	10 15	7 43	24 02	28 25	27 51	29 57	28 42	4 51			⚼		⚼	∠	⚼		∠
27	11 15	8 54	24 32	28 34	27 50	29♓59	28 42	4 49	☍			□	△	⚹	△	□	⚺
28	12 18	10 06	25 02	28 43	27 50	0♈01	28 42	4 48									
29	13 25	11 17	25 32	28 53	27 50	0 03	28 42	4 47		⚼		△	□	□	□	⚹	
30	14 35	12 28	26 02	29 02	27 50	0 04	28 42	4 45		△	☍	⚼				∠	☌
31	15♉47	13♋39	26♌32	29♓11	27♍50	0♈06	28♒42	4♑44	⚼								

D M	Saturn Lat.	Saturn Dec.	Uranus Lat.	Uranus Dec.	Neptune Lat.	Neptune Dec.	Pluto Lat.	Pluto Dec.
	° ′	° ′	° ′	° ′	° ′	° ′	° ′	° ′
1	2N31	2N54	0S44	1S04	0S27	12S26	5N09	18S11
3	2 31	2 56	0 44	1 02	0 27	12 25	5 09	18 11
5	2 31	2 57	0 44	1 00	0 27	12 25	5 09	18 11
7	2 30	2 59	0 44	0 58	0 27	12 24	5 09	18 11
9	2 30	3 00	0 44	0 56	0 27	12 24	5 09	18 11
11	2 30	3 02	0 44	0 54	0 27	12 23	5 09	18 11
13	2 29	3 03	0 44	0 52	0 27	12 23	5 09	18 11
15	2 29	3 04	0 44	0 50	0 27	12 22	5 09	18 11
17	2 29	3 04	0 44	0 49	0 27	12 22	5 09	18 11
19	2 28	3 05	0 44	0 47	0 27	12 22	5 09	18 12
21	2 28	3 06	0 44	0 45	0 27	12 22	5 09	18 12
23	2 27	3 06	0 44	0 44	0 27	12 21	5 09	18 12
25	2 27	3 06	0 44	0 42	0 27	12 21	5 09	18 12
27	2 27	3 06	0 44	0 41	0 27	12 21	5 09	18 12
29	2 26	3 06	0 44	0 40	0 27	12 21	5 09	18 12
31	2N26	3N05	0S44	0S38	0S27	12S21	5N09	18S12

Mutual Aspects

2 ♄ ⚻ ♆.
3 ☉ ⚼ ♄. ☿ ⊥ ♅. ☿ △ ♇. ♂ ∠ ♄.
4 ☉ □ ♂. ☉ ∠ ♅. ☿ ⊥ ♀. ♀ Q ♅. ♂ ⚼ ♅. ☿ # ♆.
5 ☿ ± ♄.
6 ♂ # ♇. ♃ # ♄.
7 ♀ ⚹ ♂. 9 ☿ ∠ ♀.
10 ☉ ⚼ ♇. ☉ ∥ ♂.
11 ☿ Stat. 12 ☉ # ♇.
15 ☉ ⚺ ♀.
17 ☿ ± ♄. ♀ □ ♃.
18 ☉ ⚹ ♃. ♀ □ ♄. ♀ △ ♆. ♂ ⚼ ♇.
19 ☉ △ ♄. ☉ □ ♆. ☿ △ ♇. ♀ □ ♅.
20 ☉ ⚹ ♅. ☉ ± ♇.
21 ☿ ⊥ ♅. ♂ ± ♃.
22 ♂ ⊥ ♄. 23 ♃ ☍ ♄.
24 ♀ ☍ ♇.
26 ☉ ⚻ ♇. ☿ Q ♆. ♂ ± ♅.
28 ☿ ⚼ ♄. ♀ ∠ ♂. ♃ ⚺ ♆. ☿ # ♆.
29 ☿ ∠ ♃.
30 ☿ ∠ ♅. ♄ Stat.
31 ♀ ⚼ ♆. ♆ Stat.

LAST QUARTER–May 6,04h.15m. (15°♒33′)

NEW MOON–June12,11h.15m. (21° ♊ 24′)

D	D	Sidereal	⊙	⊙	☽	☽	☽	☽	24h.	
M	W	Time	Long.	Dec.	Long.	Lat.	Dec.	Node	☽ Long.	☽ Dec.

		h m s	° ′ ″	° ′	° ′ ″	° ′	° ′	° ′	° ′ ″	° ′
1	T	4 39 27	10 ♊ 53 49	22 N05	3 ≈ 26 47	1 N54	17 S 32	13 ♑ 37	9 ≈ 26 07	15 S 35
2	W	4 43 24	11 51 18	22 13	15 23 38	2 52	13 29	13 33	21 19 52	11 16
3	Th	4 47 20	12 48 46	22 20	27 15 23	3 42	8 57	13 30	3 ♓ 10 49	6 33
4	F	4 51 17	13 46 13	22 27	9 ♓ 06 45	4 23	4 S 05	13 27	15 03 47	1 S 35
5	S	4 55 13	14 43 40	22 34	21 02 34	4 53	0 N56	13 24	27 03 39	3 N28
6	Su	4 59 10	15 41 06	22 40	3 ♈ 07 38	5 10	5 59	13 21	9 ♈ 15 01	8 28
7	M	5 03 07	16 38 32	22 46	15 26 20	5 13	10 54	13 17	21 42 00	13 14
8	T	5 07 03	17 35 57	22 52	28 02 22	5 02	15 28	13 14	4 ♉ 27 46	17 34
9	W	5 11 00	18 33 21	22 57	10 ♉ 58 22	4 35	19 28	13 11	17 34 18	21 10
10	Th	5 14 56	19 30 45	23 01	24 15 33	3 53	22 36	13 08	1 ♊ 02 03	23 44
11	F	5 18 53	20 28 08	23 06	7 ♊ 53 34	2 57	24 32	13 05	14 49 48	24 58
12	S	5 22 49	21 25 30	23 10	21 50 21	1 49	25 00	13 02	28 54 44	24 37
13	Su	5 26 46	22 22 52	23 13	6 ♋ 02 23	0 N33	23 51	12 58	13 ♋ 12 43	22 40
14	M	5 30 42	23 20 13	23 16	20 25 04	0 S 47	21 07	12 55	27 38 50	19 14
15	T	5 34 39	24 17 33	23 19	4 ♌ 53 20	2 03	17 03	12 52	12 ♌ 07 59	14 37
16	W	5 38 35	25 14 52	23 21	19 22 12	3 12	11 58	12 49	26 35 28	9 10
17	Th	5 42 32	26 12 11	23 23	3 ♍ 47 17	4 09	6 15	12 46	10 ♍ 57 16	3 N17
18	F	5 46 29	27 09 28	23 24	18 05 03	4 49	0 N16	12 42	25 10 21	2 S 43
19	S	5 50 25	28 06 45	23 25	2 ♎ 12 54	5 12	5 S 39	12 39	9 ♎ 12 31	8 29
20	Su	5 54 22	29 ♊ 04 00	23 26	16 09 02	5 15	11 12	12 36	23 02 21	13 45
21	M	5 58 18	0 ♋ 01 15	23 26	29 52 19	5 01	16 07	12 33	6 ♏ 38 55	18 15
22	T	6 02 15	0 58 30	23 26	13 ♏ 22 03	4 30	20 08	12 30	20 01 42	21 45
23	W	6 06 11	1 55 44	23 25	26 37 50	3 45	23 03	12 27	3 ♐ 10 26	24 02
24	Th	6 10 08	2 52 57	23 24	9 ♐ 39 32	2 49	24 41	12 23	16 05 08	25 00
25	F	6 14 04	3 50 10	23 23	22 27 18	1 46	24 59	12 20	28 46 05	24 38
26	S	6 18 01	4 47 22	23 21	5 ♑ 01 36	0 S 38	23 59	12 17	11 ♑ 13 57	23 02
27	Su	6 21 58	5 44 34	23 19	17 23 19	0 N30	21 48	12 14	23 29 52	20 21
28	M	6 25 54	6 41 46	23 16	29 33 51	1 36	18 40	12 11	5 ≈ 35 31	16 49
29	T	6 29 51	7 38 58	23 13	11 ≈ 35 11	2 37	14 47	12 08	17 33 10	12 38
30	W	6 33 47	8 ♋ 36 10	23 N10	23 ≈ 29 52	3 N31	10 S 22	12 ♑ 04	29 ≈ 25 40	8 S 01

D	Mercury			Venus			Mars			Jupiter	
M	Lat.	Dec.		Lat.	Dec.		Lat.	Dec.		Lat.	Dec.

	°	°	° ′	°	°	°	°	°	° ′	°	° ′
1	3 S 06	13 N57	14 N 25	1 N 52	24 N28	24 N21	1 N 24	13 N49	13 N 37	1 S 09	1 S 20
3	2 53	14 53	15 22	1 55	24 13	24 05	1 22	13 26	13 14	1 10	1 13
5	2 38	15 51	16 21	1 56	23 56	23 46	1 20	13 02	12 50	1 10	1 07
7	2 21	16 52	17 23	1 58	23 35	23 24	1 17	12 38	12 26	1 11	1 01
9	2 03	17 53	18 24	1 59	23 12	23 00	1 15	12 14	12 02	1 11	0 55
11	1 43	18 55	19 25	2 00	22 47	22 33	1 13	11 49	11 37	1 12	0 50
13	1 21	19 55	20 25	2 00	22 19	22 04	1 11	11 24	11 12	1 12	0 44
15	0 59	20 53	21 21	2 00	21 49	21 33	1 09	10 59	10 46	1 13	0 39
17	0 37	21 47	22 12	2 00	21 17	21 00	1 07	10 33	10 20	1 13	0 34
19	0 S 14	22 36	22 58	1 59	20 42	20 24	1 05	10 07	9 54	1 14	0 30
21	0 N08	23 18	23 36	1 58	20 05	19 46	1 03	9 41	9 28	1 14	0 26
23	0 29	23 51	24 04	1 57	19 27	19 07	1 01	9 14	9 01	1 15	0 22
25	0 48	24 15	24 22	1 55	18 46	18 25	0 59	8 47	8 34	1 15	0 18
27	1 06	24 27	24 30	1 53	18 04	17 42	0 57	8 20	8 07	1 16	0 14
29	1 21	24 29	24 N 25	1 50	17 19	16 57	0 56	7 53	7 N 39	1 17	0 11
31	1 N33	24 N19		1 N 47	16 N34	16 N57	0 N 54	7 N25		1 S 17	0 S 08

FIRST QUARTER–June19,04h.29m. (27°♍49′)

FULL MOON–June26,11h.30m. (4°♑46′)

D M	☿ Long.	♀ Long.	♂ Long.	♃ Long.	♄ Long.	♅ Long.	♆ Long.	♇ Long.	⊙	☿	♀	♂	♃	♄	♅	♆	♇
	° ′	° ′	° ′	° ′	° ′	° ′	° ′	° ′									
1	17♉03	14♋51	27♌02	29♓20	27♍50	0♈08	28♒42	4♑43					✱	△	✱	⊻	⊻
2	18 21	16 02	27 33	29 28	27D 50	0 09	28R 42	4R 41	△	□			∠	⚼	∠		∠
3	19 42	17 13	28 04	29 37	27 51	0 11	28 42	4 40			⚼	☍	⊻		⊻	☌	
4	21 06	18 24	28 34	29 45	27 51	0 12	28 42	4 38	□								✱
5	22 33	19 34	29 05	29♓54	27 52	0 14	28 42	4 37		✱	△						
6	24 02	20 45	29♌36	0♈02	27 52	0 15	28 42	4 36					☌	☍	☌	⊻	□
7	25 34	21 56	0♍08	0 10	27 53	0 16	28 41	4 34	✱	∠		⚼				∠	
8	27 09	23 07	0 39	0 18	27 54	0 18	28 41	4 33	∠	⊻	□	△	⊻		⊻	✱	
9	28♉46	24 17	1 10	0 26	27 55	0 19	28 41	4 31					∠	⚼	∠		△
10	0♊27	25 28	1 42	0 33	27 56	0 20	28 41	4 30	⊻		✱		✱	△	✱	□	⚼
11	2 09	26 38	2 14	0 41	27 57	0 21	28 40	4 28		☌	∠	□					
12	3 55	27 49	2 46	0 48	27 58	0 23	28 40	4 27	☌		⊻			□		△	
13	5 43	28♋59	3 18	0 55	28 00	0 24	28 40	4 25		⊻		✱	□		□		☍
14	7 33	0♌09	3 50	1 02	28 01	0 25	28 39	4 24	⊻	∠		∠				⚼	
15	9 26	1 19	4 22	1 09	28 03	0 26	28 39	4 22	∠	✱	☌	⊻	△	✱	△		
16	11 22	2 30	4 54	1 16	28 04	0 27	28 38	4 21	✱				⚼	∠	⚼		⚼
17	13 20	3 40	5 27	1 22	28 06	0 27	28 38	4 19			⊻	☌		⊻		☍	△
18	15 20	4 49	6 00	1 29	28 08	0 28	28 37	4 18		□	∠						
19	17 22	5 59	6 32	1 35	28 10	0 29	28 37	4 16	□		✱	⊻	☍	☌	☍		□
20	19 26	7 09	7 05	1 41	28 12	0 30	28 36	4 15		△		∠				⚼	
21	21 32	8 19	7 38	1 47	28 14	0 31	28 35	4 13	△					⊻		△	✱
22	23 39	9 28	8 11	1 53	28 16	0 31	28 35	4 12	⚼	⚼	□	✱	⚼	∠	⚼		∠
23	25 48	10 38	8 44	1 59	28 18	0 32	28 34	4 10					△	✱	△	□	
24	27♊57	11 47	9 18	2 04	28 21	0 32	28 33	4 09			△	□					⊻
25	0♋08	12 56	9 51	2 09	28 23	0 33	28 32	4 07			⚼			□		✱	
26	2 19	14 05	10 24	2 14	28 26	0 33	28 32	4 06	☍	☍		△	□		□		☌
27	4 30	15 14	10 58	2 19	28 29	0 34	28 31	4 04								∠	
28	6 41	16 23	11 32	2 24	28 31	0 34	28 30	4 02				⚼	✱	△	✱	⊻	⊻
29	8 52	17 32	12 05	2 29	28 34	0 35	28 29	4 01					∠	⚼	∠		
30	11♋03	18♌41	12♍39	2♈33	28♍37	0♈35	28♒28	3♑59	⚼	⚼	☍					☌	∠

D M	Saturn Lat.	Saturn Dec.	Uranus Lat.	Uranus Dec.	Neptune Lat.	Neptune Dec.	Pluto Lat.	Pluto Dec.
	° ′	° ′	° ′	° ′	° ′	° ′	° ′	° ′
1	2N25	3N05	0S44	0S38	0S28	12S21	5N09	18S12
3	2 25	3 04	0 44	0 37	0 28	12 21	5 09	18 12
5	2 25	3 04	0 45	0 35	0 28	12 22	5 09	18 13
7	2 24	3 03	0 45	0 34	0 28	12 22	5 09	18 13
9	2 24	3 02	0 45	0 33	0 28	12 22	5 09	18 13
11	2 23	3 00	0 45	0 33	0 28	12 22	5 09	18 13
13	2 23	2 59	0 45	0 32	0 28	12 22	5 09	18 14
15	2 22	2 57	0 45	0 31	0 28	12 23	5 08	18 14
17	2 22	2 56	0 45	0 30	0 28	12 23	5 08	18 14
19	2 22	2 54	0 45	0 30	0 28	12 24	5 08	18 14
21	2 21	2 52	0 45	0 29	0 28	12 24	5 08	18 15
23	2 21	2 49	0 45	0 29	0 28	12 25	5 08	18 15
25	2 20	2 47	0 45	0 28	0 28	12 25	5 08	18 15
27	2 20	2 45	0 45	0 28	0 28	12 26	5 07	18 15
29	2 19	2 42	0 45	0 28	0 28	12 26	5 07	18 16
31	2N19	2N39	0S45	0S28	0S28	12S27	5N07	18S16

Mutual Aspects

1 ☿ ∥ ♂.
2 ⊙ Q ♃. ⊙ Q ♅. ♀ Q ♄.
3 ☿ ⚼ ♇. ♂ ⊻ ♄.
4 ♂ ☍ ♆.
7 ♂ ▽ ♃. ♂ ▽ ♅.
8 ☿ △ ♄. ♀ ± ♆. ♃ ☌ ♅. ♂ ⧺ ♆.
9 ☿ □ ♆. ☿ ± ♇.
10 ⊙ ⊥ ♀. ⊙ Q ♂. ☿ ✱ ♃. ☿ ✱ ♅. ♀ ⊥ ♂.
⊙ ∥ ♀. ☿ ⧺ ♇.
11 ☿ □ ♂.
12 ☿ ▽ ♇. ♀ ✱ ♄.
13 ♀ ▽ ♆.
14 ♀ △ ♅.
15 ♀ △ ♃. ♂ △ ♇.
16 ☿ ∥ ♀.
17 ☿ Q ♃. ☿ Q ♅.
18 ♀ ▽ ♇.
19 ⊙ □ ♄. ♃ ∥ ♅.
20 ⊙ △ ♆. ♀ ⊻ ♂.
21 ⊙ ∥ ☿.
22 ⊙ □ ♅.
23 ⊙ □ ♃. ☿ ∠ ♀. ♀ ± ♇.
24 ☿ Q ♂. ☿ □ ♄. ☿ △ ♆.
25 ⊙ ☍ ♇. ☿ □ ♅. ♀ ∠ ♄.
26 ☿ □ ♃. ♀ ⧺ ♇.
27 ☿ ☍ ♇. ♀ ⚼ ♅.
28 ⊙ ☌ ☿. ♄ ▽ ♆.
29 ♀ ⚼ ♃.
30 ♀ ⚼ ♇.

LAST QUARTER–June 4,22h.13m. (14°♓11′)

14					JULY	2010				[RAPHAEL'S

D	D	Sidereal	☉	☉	☽	☽	☽	☽	24h.	
M	W	Time	Long.	Dec.	Long.	Lat.	Dec.	Node	☽ Long.	☽ Dec.

		h m s	° ′ ″	° ′	° ′ ″	° ′	° ′	° ′	° ′ ″	° ′
1	Th	6 37 44	9♋33 22	23 N06	5 ♓ 21 03	4 N15	5 S 36	12 ♊ 01	11 ♓ 16 27	3 S 07
2	F	6 41 40	10 30 33	23 01	17 12 24	4 48	0 S 38	11 58	23 09 25	1 N53
3	S	6 45 37	11 27 45	22 57	29 08 02	5 09	4 N23	11 55	5 ♈ 08 50	6 52
4	Su	6 49 33	12 24 57	22 52	11 ♈ 12 21	5 17	9 18	11 52	17 19 09	11 40
5	M	6 53 30	13 22 10	22 46	23 29 48	5 11	13 56	11 48	29 44 48	16 05
6	T	6 57 27	14 19 23	22 40	6 ♉ 04 39	4 50	18 06	11 45	12 ♉ 29 47	19 55
7	W	7 01 23	15 16 36	22 34	19 00 35	4 13	21 32	11 42	25 37 20	22 53
8	Th	7 05 20	16 13 49	22 27	2 ♊ 20 14	3 23	23 56	11 39	9 ♊ 09 22	24 39
9	F	7 09 16	17 11 03	22 20	16 04 42	2 19	25 01	11 36	23 06 03	24 58
10	S	7 13 13	18 08 17	22 13	0 ♋13 07	1 N05	24 31	11 33	7 ♋ 25 24	23 39
11	Su	7 17 09	19 05 31	22 05	14 42 19	0 S 15	22 23	11 29	22 03 08	20 43
12	M	7 21 06	20 02 46	21 57	29 26 59	1 35	18 43	11 26	6 ♌ 52 57	16 24
13	T	7 25 02	21 00 01	21 48	14 ♌ 20 03	2 50	13 49	11 23	21 47 17	11 02
14	W	7 28 59	21 57 15	21 39	29 13 40	3 53	8 06	11 20	6 ♍ 38 17	5 N04
15	Th	7 32 56	22 54 30	21 30	14 ♍00 16	4 40	1 N59	11 17	21 18 54	1 S 06
16	F	7 36 52	23 51 45	21 20	28 33 33	5 08	4 S 08	11 14	5 ♎ 43 44	7 05
17	S	7 40 49	24 49 00	21 10	12 ♎ 49 08	5 16	9 55	11 10	19 49 29	12 35
18	Su	7 44 45	25 46 15	20 59	26 44 42	5 06	15 04	11 07	3 ♏ 34 46	17 19
19	M	7 48 42	26 43 30	20 49	10 ♏ 19 47	4 38	19 19	11 04	16 59 54	21 03
20	T	7 52 38	27 40 46	20 37	23 35 19	3 57	22 29	11 01	0 ♐ 06 16	23 37
21	W	7 56 35	28 38 02	20 26	6 ♐ 33 03	3 03	24 25	10 58	12 55 55	24 53
22	Th	8 00 31	29♋35 18	20 14	19 15 10	2 02	25 02	10 54	25 31 06	24 51
23	F	8 04 28	0♌32 34	20 02	1 ♑43 57	0 S 56	24 22	10 51	7 ♑ 54 01	23 35
24	S	8 08 25	1 29 51	19 50	14 01 33	0 N11	22 31	10 48	20 06 47	21 12
25	Su	8 12 21	2 27 08	19 37	26 09 58	1 17	19 39	10 45	2 ♒ 11 18	17 54
26	M	8 16 18	3 24 26	19 24	8 ♒11 03	2 19	15 58	10 42	14 09 25	13 54
27	T	8 20 14	4 21 45	19 10	20 06 38	3 15	11 42	10 39	26 02 58	9 24
28	W	8 24 11	5 19 04	18 56	1 ♓ 58 40	4 01	7 01	10 35	7 ♓ 54 02	4 S 34
29	Th	8 28 07	6 16 24	18 42	13 49 22	4 37	2 S 06	10 32	19 44 59	0 N24
30	F	8 32 04	7 13 45	18 28	25 41 16	5 01	2 N54	10 29	1 ♈ 38 37	5 22
31	S	8 36 00	8 ♌11 07	18 N13	7 ♈ 37 26	5 N13	7 N49	10 ♑ 26	13 ♈ 38 11	10 N11

D	Mercury			Venus			Mars			Jupiter	
M	Lat.	Dec.		Lat.	Dec.		Lat.	Dec.		Lat.	Dec.

	° ′	° ′	° ′	° ′	° ′	° ′	° ′	° ′	° ′	° ′	° ′
1	1 N33	24 N19	24 N 10	1 N 47	16 N34	16 N10	0 N 54	7 N25	7 N 11	1 S 17	0 S 08
3	1 42	23 59	23 45	1 43	15 46	15 22	0 52	6 57	6 43	1 18	0 06
5	1 48	23 29	23 10	1 40	14 58	14 33	0 50	6 29	6 15	1 18	0 03
7	1 51	22 49	22 27	1 35	14 08	13 42	0 48	6 01	5 46	1 19	0 S 01
9	1 51	22 02	21 36	1 30	13 16	12 50	0 46	5 32	5 17	1 19	0 N01
11	1 49	21 09	20 40	1 25	12 24	11 57	0 45	5 03	4 48	1 20	0 02
13	1 44	20 10	19 38	1 20	11 30	11 03	0 43	4 34	4 19	1 21	0 03
15	1 37	19 06	18 33	1 14	10 36	10 08	0 41	4 04	3 50	1 21	0 04
17	1 28	17 59	17 24	1 07	9 40	9 12	0 39	3 35	3 20	1 22	0 05
19	1 16	16 48	16 12	1 00	8 44	8 16	0 38	3 05	2 50	1 23	0 05
21	1 03	15 36	14 59	0 53	7 47	7 18	0 36	2 35	2 20	1 23	0 05
23	0 48	14 22	13 45	0 45	6 50	6 21	0 34	2 05	1 50	1 24	0 04
25	0 32	13 08	12 31	0 37	5 52	5 23	0 33	1 35	1 20	1 24	0 04
27	0 N15	11 54	11 16	0 29	4 53	4 24	0 31	1 05	0 49	1 25	0 03
29	0 S 04	10 40	10 N 03	0 20	3 55	3 N25	0 30	0 34	0 N 19	1 25	0 N01
31	0 S 24	9 N26		0 N 10	2 N56		0 N 28	0 N04		1 S 26	0 00

FULL MOON – July 26, 01h.37m. (3°♒00′)

D M	☿ Long.	♀ Long.	♂ Long.	♃ Long.	♄ Long.	♅ Long.	♆ Long.	♇ Long.
	° ′	° ′	° ′	° ′	° ′	° ′	° ′	° ′
1	13♋12	19♌49	13♍13	2♈38	28♍40	0♈35	28♒27	3♑58
2	15 20	20 58	13 47	2 42	28 44	0 35	28R 26	3R 56
3	17 28	22 06	14 21	2 45	28 47	0 35	28 26	3 55
4	19 33	23 14	14 56	2 49	28 50	0 35	28 25	3 53
5	21 38	24 23	15 30	2 53	28 54	0 35	28 24	3 52
6	23 40	25 31	16 05	2 56	28 57	0R 35	28 22	3 50
7	25 42	26 38	16 39	2 59	29 01	0 35	28 21	3 49
8	27 41	27 46	17 14	3 02	29 04	0 35	28 20	3 47
9	29♋38	28♌54	17 49	3 05	29 08	0 35	28 19	3 46
10	1♌34	0♍01	18 23	3 08	29 12	0 35	28 18	3 44
11	3 28	1 09	18 58	3 10	29 16	0 35	28 17	3 43
12	5 19	2 16	19 33	3 12	29 20	0 34	28 16	3 41
13	7 09	3 23	20 08	3 14	29 24	0 34	28 15	3 40
14	8 57	4 30	20 44	3 16	29 28	0 34	28 13	3 38
15	10 43	5 37	21 19	3 18	29 32	0 33	28 12	3 37
16	12 28	6 43	21 54	3 19	29 37	0 33	28 11	3 36
17	14 10	7 50	22 30	3 21	29 41	0 32	28 10	3 34
18	15 50	8 56	23 05	3 22	29 45	0 32	28 08	3 33
19	17 29	10 02	23 41	3 23	29 50	0 31	28 07	3 31
20	19 05	11 08	24 17	3 23	29 55	0 30	28 06	3 30
21	20 40	12 14	24 53	3 24	29♍59	0 30	28 04	3 29
22	22 13	13 20	25 29	3 24	0♎04	0 29	28 03	3 27
23	23 43	14 25	26 05	3 24	0 09	0 28	28 01	3 26
24	25 12	15 31	26 41	3R 24	0 14	0 27	28 00	3 25
25	26 39	16 36	27 17	3 24	0 19	0 26	27 59	3 23
26	28 04	17 40	27 53	3 23	0 24	0 25	27 57	3 22
27	29♌27	18 45	28 29	3 23	0 29	0 24	27 56	3 21
28	0♍48	19 50	29 06	3 22	0 34	0 23	27 54	3 20
29	2 07	20 54	29♍42	3 21	0 40	0 22	27 53	3 18
30	3 23	21 58	0♎19	3 19	0 45	0 21	27 51	3 17
31	4♍38	23♍02	0♎55	3♈18	0♎50	0♈20	27♒50	3♑16

Lunar Aspects

D M	☉	☿	♀	♂	♃	♄	♅	♆	♇
1	△				⚺		⚺		⚹
2		△		☍					
3					☌	☍	☌	⚺	□
4	□		⚼					∠	
5		□	△					⚹	
6				⚼	⚺		⚺		△
7	⚹			△	∠	⚼	∠		⚼
8	∠	⚹	□		⚹	△	⚹	□	
9	⚺	∠		□					
10		⚺	⚹		□	□	□	△	☍
11	●		∠	⚹				⚼	
12		☌	⚺	∠	△	⚹	△		
13	⚺			⚺	⚼	∠	⚼		⚼
14			☌			⚺		☍	△
15	∠	⚺							
16	⚹	∠		☌	☍	☌	☍		□
17		⚹	⚺					⚼	
18	□		∠	⚺		⚺		△	⚹
19			⚹	∠		∠	⚼		
20	△	□		⚹	⚼	⚹		□	∠
21			□		△		△		⚺
22	⚼	△							
23				□	□	□	□	⚹	☌
24		⚼	△					∠	
25			⚼	△		△	⚹	⚺	
26	☍			⚼	⚹				⚺
27					∠	⚼	∠		∠
28		☍			⚺		⚺	☌	⚹
29									
30	⚼		☍	☍		☍	☌	⚺	
31	△				☌			∠	□

D M	Saturn Lat.	Saturn Dec.	Uranus Lat.	Uranus Dec.	Neptune Lat.	Neptune Dec.	Pluto Lat.	Pluto Dec.
	° ′	° ′	° ′	° ′	° ′	° ′	° ′	° ′
1	2N19	2N39	0S45	0S28	0S28	12S27	5N07	18S16
3	2 19	2 36	0 46	0 28	0 28	12 28	5 07	18 16
5	2 18	2 33	0 46	0 28	0 28	12 29	5 06	18 17
7	2 18	2 30	0 46	0 28	0 28	12 29	5 06	18 17
9	2 17	2 27	0 46	0 28	0 28	12 30	5 06	18 17
11	2 17	2 23	0 46	0 28	0 28	12 31	5 06	18 18
13	2 17	2 20	0 46	0 29	0 29	12 32	5 05	18 18
15	2 16	2 16	0 46	0 29	0 29	12 33	5 05	18 19
17	2 16	2 12	0 46	0 29	0 29	12 34	5 05	18 19
19	2 16	2 08	0 46	0 30	0 29	12 35	5 04	18 19
21	2 15	2 04	0 46	0 31	0 29	12 36	5 04	18 20
23	2 15	2 00	0 46	0 31	0 29	12 37	5 04	18 20
25	2 15	1 56	0 46	0 32	0 29	12 38	5 03	18 21
27	2 14	1 52	0 46	0 33	0 29	12 39	5 03	18 21
29	2 14	1 47	0 46	0 34	0 29	12 40	5 02	18 21
31	2N14	1N43	0S46	0S35	0S29	12S41	5N02	18S22

Mutual Aspects

1 ☿⚹♂. ☿⚼♆.
2 ☿⊥♀. 3 ☿Q♄.
4 ♀⊥♄.
5 ☉⚼♆. ☿±♆. ♀±♅. ♅Stat.
7 ♀±♃.
8 ☿⚺♀. ☿∇♆. ♀☍♆. ☉∥☿.
9 ☉Q♄. ☿⚹♄. ☿△♅. ♀⚺♄.
10 ♀∇♅.
11 ☉⚹♂. ☿∠♂. ☿△♃. ☿∇♇. ♀#♆.
13 ♀∇♃. ♀△♇.
14 ☉±♆. ☿±♇.
16 ☿#♇. 17 ☿∠♄.
18 ☿⚼♅.
19 ☿⊥♂.
20 ☉∇♆. ☿⚼♃. ☿⚼♇.
23 ☉⚹♄. ☉△♅. ☿⊥♄. ☿±♅. ♂∥♄.
♃Stat.
25 ♃□♇.
26 ☉△♃. ☉∇♇. ☿⚺♂. ☿±♃. ☿☍♆.
♂∇♆. ♄☍♅. ☿#♆.
28 ☿⚺♄. ☿∇♅.
29 ♂#♅.
30 ☿∇♃. ☿△♇. ♂☍♅. ☉#♇.
31 ♂☌♄. ♂#♃. ♂∥♃.

LAST QUARTER – July 4, 14h.35m. (12°♈31′)

| 16 | | | | AUGUST | | | 2010 | | | | [RAPHAEL'S |

D	D	Sidereal	☉	☉	☽	☽	☽	☽		24h.	
M	W	Time	Long.	Dec.	Long.	Lat.	Dec.	Node		☽ Long.	☽ Dec.
		h m s	° ′ ″	° ′	° ′ ″	° ′	° ′	° ′		° ′ ″	° ′
1	Su	8 39 57	9 ♌ 08 31	17 N58	19 ♈ 41 21	5 N10	12 N29	10 ♑ 23	25 ♈ 47 25	14 N41
2	M	8 43 54	10 05 55	17 43	1 ♉ 56 55	4 54	16 44	10 20	8 ♉ 10 22	18 39
3	T	8 47 50	11 03 20	17 27	14 28 18	4 23	20 22	10 16	20 51 13	21 52
4	W	8 51 47	12 00 47	17 11	27 19 37	3 39	23 07	10 13	3 ♊ 53 56	24 04
5	Th	8 55 43	12 58 15	16 55	10 ♊ 34 33	2 42	24 42	10 10	17 21 45	24 59
6	F	8 59 40	13 55 44	16 39	24 15 43	1 34	24 52	10 07	1 ♋ 16 30	24 22
7	S	9 03 36	14 53 15	16 22	8 ♋ 24 00	0 N18	23 28	10 04	15 37 56	22 10
8	Su	9 07 33	15 50 46	16 05	22 57 50	1 S01	20 28	10 00	0 ♌ 23 02	18 26
9	M	9 11 29	16 48 19	15 48	7 ♌ 52 42	2 18	16 04	9 57	15 25 48	13 26
10	T	9 15 26	17 45 53	15 30	23 01 11	3 26	10 36	9 54	0 ♍ 37 35	7 35
11	W	9 19 23	18 43 28	15 13	8 ♍ 13 43	4 20	4 N28	9 51	15 48 17	1 N18
12	Th	9 23 19	19 41 04	14 55	23 20 04	4 55	1 S52	9 48	0 ♎ 47 59	4 S59
13	F	9 27 16	20 38 41	14 37	8 ♎ 11 03	5 10	7 59	9 45	15 28 31	10 51
14	S	9 31 12	21 36 19	14 18	22 39 50	5 04	13 31	9 41	29 44 37	15 58
15	Su	9 35 09	22 33 58	13 59	6 ♏ 42 41	4 40	18 10	9 38	13 ♏ 34 03	20 05
16	M	9 39 05	23 31 37	13 41	20 18 50	4 01	21 41	9 35	26 57 19	22 59
17	T	9 43 02	24 29 18	13 22	3 ♐ 29 50	3 10	23 58	9 32	9 ♐ 56 49	24 36
18	W	9 46 58	25 27 00	13 02	16 18 44	2 11	24 54	9 29	22 36 05	24 53
19	Th	9 50 55	26 24 43	12 43	28 49 22	1 06	24 32	9 26	4 ♑ 59 05	23 54
20	F	9 54 52	27 22 27	12 23	11 ♑ 05 42	0 S01	22 59	9 22	17 09 41	21 48
21	S	9 58 48	28 20 13	12 03	23 11 28	1 N04	20 23	9 19	29 11 26	18 46
22	Su	10 02 45	29 ♌ 17 59	11 43	5 ≈ 09 57	2 06	16 57	9 16	11 ≈ 07 19	14 58
23	M	10 06 41	0 ♍ 15 47	11 23	17 03 51	3 01	12 51	9 13	22 59 49	10 37
24	T	10 10 38	1 13 36	11 02	28 55 27	3 48	8 17	9 10	4 ♓ 50 58	5 53
25	W	10 14 34	2 11 26	10 42	10 ♓ 46 34	4 25	3 S26	9 06	16 42 08	0 S57
26	Th	10 18 31	3 09 18	10 21	22 38 52	4 51	1 N32	9 03	28 35 59	4 N01
27	F	10 22 27	4 07 12	10 00	4 ♈ 34 02	5 04	6 27	9 00	10 ♈ 33 17	8 51
28	S	10 26 24	5 05 07	9 39	16 33 59	5 03	11 11	8 57	22 36 28	13 24
29	Su	10 30 21	6 03 04	9 18	28 41 05	4 50	15 31	8 54	4 ♉ 48 08	17 29
30	M	10 34 17	7 01 03	8 56	10 ♉ 58 05	4 22	19 16	8 51	17 11 22	20 52
31	T	10 38 14	7 ♍ 59 04	8 N35	23 28 27	3 N42	22 N14	8 ♑ 47	29 49 47	23 N20

D		Mercury			Venus			Mars			Jupiter	
M	Lat.		Dec.	Lat.		Dec.	Lat.		Dec.		Lat.		Dec.
	° ′	° ′		° ′	° ′		° ′	° ′			° ′	° ′	
1	0 S34	8 N50	8 N 15	0 N 05	2 N26	1 N56	0 N 27	0 S 12	0 S 27	1 S 26	0 S 01
3	0 55	7 40	7 06	0 S 04	1 27	0 N57	0 26	0 42	0 58	1 27	0 03
5	1 17	6 32	5 59	0 15	0 N27	0 S 02	0 24	1 13	1 29	1 28	0 06
7	1 40	5 27	4 56	0 25	0 S 32	1 01	0 22	1 44	2 00	1 28	0 08
9	2 02	4 26	3 57	0 37	1 31	2 00	0 21	2 15	2 31	1 29	0 11
11	2 25	3 29	3 03	0 48	2 30	2 59	0 19	2 46	3 02	1 29	0 15
13	2 48	2 38	2 15	1 00	3 29	3 58	0 18	3 17	3 33	1 30	0 18
15	3 10	1 54	1 35	1 12	4 27	4 56	0 16	3 48	4 04	1 30	0 22
17	3 31	1 18	1 03	1 24	5 25	5 54	0 15	4 19	4 35	1 31	0 26
19	3 50	0 50	0 40	1 37	6 22	6 51	0 13	4 50	5 06	1 31	0 30
21	4 07	0 33	0 29	1 50	7 19	7 47	0 12	5 21	5 37	1 32	0 35
23	4 21	0 28	0 30	2 03	8 15	8 43	0 10	5 52	6 08	1 32	0 40
25	4 30	0 36	0 45	2 17	9 10	9 37	0 09	6 23	6 39	1 33	0 45
27	4 34	0 57	1 13	2 31	10 04	10 31	0 07	6 54	7 10	1 33	0 50
29	4 32	1 32	1 N 55	2 45	10 58	11 S24	0 06	7 25	7 S 40	1 33	0 55
31	4 S 22	2 N21		2 S 59	11 S 50		0 N 05	7 S 56		1 S 34	1 S 01

D M	☿ Long.	♀ Long.	♂ Long.	♃ Long.	♄ Long.	♅ Long.	♆ Long.	♇ Long.
	° ′	° ′	° ′	° ′	° ′	° ′	° ′	° ′
1	5♍50	24♍05	1♎32	3♈16	0♎56	0♈19	27♒48	3♑15
2	7 00	25 08	2 09	3R 14	1 01	0R 17	27R 47	3R 14
3	8 08	26 11	2 46	3 12	1 07	0 16	27 45	3 13
4	9 13	27 14	3 23	3 10	1 12	0 15	27 44	3 11
5	10 15	28 17	4 00	3 08	1 18	0 13	27 42	3 10
6	11 15	29♍19	4 37	3 05	1 24	0 12	27 40	3 09
7	12 12	0♎21	5 14	3 02	1 30	0 11	27 39	3 08
8	13 06	1 23	5 51	2 59	1 35	0 09	27 37	3 07
9	13 57	2 24	6 28	2 56	1 41	0 08	27 36	3 06
10	14 45	3 26	7 06	2 52	1 47	0 06	27 34	3 05
11	15 30	4 27	7 43	2 49	1 53	0 04	27 32	3 04
12	16 10	5 27	8 21	2 45	1 59	0 03	27 31	3 03
13	16 47	6 27	8 59	2 41	2 06	0♈01	27 29	3 02
14	17 21	7 27	9 36	2 37	2 12	29♓59	27 28	3 01
15	17 49	8 27	10 14	2 33	2 18	29 58	27 26	3 01
16	18 14	9 26	10 52	2 28	2 24	29 56	27 24	3 00
17	18 34	10 25	11 30	2 24	2 31	29 54	27 23	2 59
18	18 49	11 23	12 08	2 19	2 37	29 52	27 21	2 58
19	18 59	12 21	12 46	2 14	2 43	29 50	27 19	2 57
20	19 03	13 19	13 24	2 09	2 50	29 49	27 18	2 57
21	19R 02	14 16	14 03	2 03	2 56	29 47	27 16	2 56
22	18 56	15 13	14 41	1 58	3 03	29 45	27 15	2 55
23	18 43	16 09	15 19	1 52	3 10	29 43	27 13	2 55
24	18 25	17 05	15 58	1 47	3 16	29 41	27 11	2 54
25	18 01	18 00	16 36	1 41	3 23	29 39	27 10	2 53
26	17 31	18 55	17 15	1 35	3 30	29 37	27 08	2 53
27	16 55	19 49	17 54	1 29	3 36	29 34	27 06	2 52
28	16 15	20 43	18 32	1 22	3 43	29 32	27 05	2 52
29	15 29	21 36	19 11	1 16	3 50	29 30	27 03	2 51
30	14 39	22 29	19 50	1 09	3 57	29 28	27 01	2 51
31	13♍46	23♎21	20♎29	1♈03	4♎04	29♓26	27♒00	2♑50

Lunar Aspects

D M	☉	☿	♀	♂	♃	♄	♅	♆	♇
1		⚼							
2		△			⚺		⚺	⚹	△
3	□		⚼	⚼	∠	⚼	∠		⚼
4			△	△	⚹	△	⚹	□	
5	⚹	□							
6	∠		□				□	△	
7	⚺	⚹		□	□	□		⚼	☍
8		∠					△		
9		⚺	⚹	⚹	△	⚹	⚼		
10	☌		∠	∠	⚼	∠		☍	⚼
11			⚺	⚺		⚺			△
12	⚺	☌					☍		
13	∠		☌	☌	☍	☌		⚼	□
14	⚹	⚺						△	
15		∠	⚺	⚺		⚺			⚹
16	□	⚹	∠	∠	⚼	∠	⚼		∠
17					△	⚹	△	□	⚺
18		□	⚹	⚹					
19	△				□	□	□	⚹	☌
20	⚼		□	□				∠	
21		△						⚺	
22		⚼			⚹	△	⚹		⚺
23			△	△	∠	⚼	∠		∠
24	☍		⚼	⚼	⚺		⚺	☌	⚹
25									
26		☍						⚺	
27					☌	☍	☌		□
28	⚼		☍	☍				∠	
29		⚼			⚺		⚺	⚹	△
30	△	△			∠		∠		
31						⚼	⚹	□	⚼

D M	Saturn Lat.	Saturn Dec.	Uranus Lat.	Uranus Dec.	Neptune Lat.	Neptune Dec.	Pluto Lat.	Pluto Dec.
	° ′	° ′	° ′	° ′	° ′	° ′	° ′	° ′
1	2N14	1N40	0S46	0S35	0S29	12S41	5N02	18S22
3	2 13	1 36	0 47	0 36	0 29	12 42	5 01	18 23
5	2 13	1 31	0 47	0 37	0 29	12 43	5 01	18 23
7	2 13	1 26	0 47	0 39	0 29	12 45	5 01	18 24
9	2 13	1 21	0 47	0 40	0 29	12 46	5 00	18 24
11	2 12	1 16	0 47	0 41	0 29	12 47	5 00	18 24
13	2 12	1 11	0 47	0 42	0 29	12 48	4 59	18 25
15	2 12	1 06	0 47	0 44	0 29	12 49	4 59	18 25
17	2 12	1 01	0 47	0 45	0 29	12 50	4 58	18 26
19	2 11	0 56	0 47	0 47	0 29	12 51	4 58	18 26
21	2 11	0 50	0 47	0 48	0 29	12 53	4 57	18 27
23	2 11	0 45	0 47	0 50	0 29	12 54	4 57	18 27
25	2 11	0 39	0 47	0 52	0 29	12 55	4 57	18 28
27	2 11	0 34	0 47	0 53	0 29	12 56	4 56	18 28
29	2 11	0 28	0 47	0 55	0 29	12 57	4 56	18 29
31	2N10	0N23	0S47	0S57	0S29	12S58	4N55	18S29

Mutual Aspects

1 ☉±♇. 2 ☉∠♀.
3 ♃□♇. ♀∥♄. ♂∥♅.
4 ♀▽♆. ♂☍♃. ♂□♇. ♀#♂.
5 ♂±♆. ♀#♅.
6 ♀#♃. ♀∥♃. ♂#♄.
7 ☉⚼♅. ♀☍♅. ♀∥♅.
8 ♀☌♄.
9 ☉∠♄. ♀☍♃. ♀#♄.
10 ☉⚼♃. ☉⚼♇. ♀±♆. ♀□♇.
12 ☿#♀. ☿#♂. ♀∥♂.
16 ☉±♅. ♃☍♄.
18 ♂⊔♆. ☿∥♄.
19 ☉±♃. ☉⊥♄. ♀⚼♆. ☉#♆. ☿#♅.
20 ☉☍♆. ♀☌♂. ☿Stat.
21 ♄□♇. ☿#♃.
22 ☉▽♅. ♄#♅.
23 ☉∠♂. ♄±♆.
24 ♃#♄.
25 ☉▽♃. ☿⚺♀. ☿∥♄.
26 ☉⚺♄. ☉△♇. ☿⚺♂. ☿#♃.
27 ☉#♀. ☿#♅.
28 ♀Q♇.
29 ☿⊥♀. ♃∥♅.
31 ☿⊥♂.

| 18 | | | | | | SEPTEMBER | | 2010 | | | [RAPHAEL'S | |

D	D	Sidereal	⊙	⊙	☽	☽	☽	☽	24h.	
M	W	Time	Long.	Dec.	Long.	Lat.	Dec.	Node	☽ Long.	☽ Dec.
		h m s	° ′ ″	° ′	° ′ ″	° ′	° ′	° ′	° ′ ″	° ′
1	W	10 42 10	8♍57 06	8 N13	6 ♊ 15 53	2 N50	24 N09	8 ♑ 44	12 ♊ 47 12	24 N39
2	Th	10 46 07	9 55 11	7 51	19 24 13	1 48	24 48	8 41	26 07 20	24 36
3	F	10 50 03	10 53 18	7 29	2♋56 53	0 N38	24 02	8 38	9♋53 06	23 05
4	S	10 54 00	11 51 26	7 07	16 56 08	0 S37	21 45	8 35	24 05 54	20 04
5	Su	10 57 56	12 49 37	6 45	1♌22 12	1 51	18 03	8 31	8 ♌ 44 36	15 43
6	M	11 01 53	13 47 49	6 22	16 12 26	3 00	13 07	8 28	23 44 52	10 17
7	T	11 05 50	14 46 03	6 00	1♍20 49	3 58	7 17	8 25	8 ♍ 59 03	4 N10
8	W	11 09 46	15 44 19	5 37	16 38 11	4 39	0 N59	8 22	24 16 49	2 S12
9	Th	11 13 43	16 42 37	5 15	1♎53 49	5 00	5 S 20	8 19	9 ♎ 26 52	8 23
10	F	11 17 39	17 40 57	4 52	16 55 43	5 00	11 16	8 16	24 19 01	13 57
11	S	11 21 36	18 39 18	4 29	1 m 35 55	4 40	16 24	8 12	8 m 45 49	18 35
12	Su	11 25 32	19 37 40	4 06	15 48 22	4 03	20 27	8 09	22 43 25	21 59
13	M	11 29 29	20 36 05	3 43	29 31 02	3 13	23 12	8 06	6 ♐ 11 25	24 03
14	T	11 33 25	21 34 31	3 20	12♐44 56	2 15	24 33	8 03	19 12 03	24 43
15	W	11 37 22	22 32 58	2 57	25 33 19	1 11	24 33	8 00	1♑49 19	24 04
16	Th	11 41 19	23 31 28	2 34	8♑00 40	0 S05	23 17	7 57	14 08 01	22 14
17	F	11 45 15	24 29 58	2 11	20 11 58	0 N59	20 57	7 53	26 13 08	19 26
18	S	11 49 12	25 28 31	1 48	2≈12 06	2 00	17 43	7 50	8 ≈ 09 24	15 51
19	Su	11 53 08	26 27 05	1 25	14 05 31	2 54	13 49	7 47	20 00 55	11 40
20	M	11 57 05	27 25 41	1 01	25 55 59	3 41	9 24	7 44	1 ♓ 51 04	7 04
21	T	12 01 01	28 24 18	0 38	7 ♓ 46 30	4 18	4 S 39	7 41	13 42 32	2 S 13
22	W	12 04 58	29♍22 57	0 N15	19 39 23	4 44	0 N16	7 37	25 37 15	2 N44
23	Th	12 08 54	0♎21 39	0 S09	1♈36 18	4 58	5 11	7 34	7 ♈ 36 40	7 36
24	F	12 12 51	1 20 22	0 32	13 38 30	4 58	9 58	7 31	19 41 55	12 14
25	S	12 16 48	2 19 07	0 55	25 47 04	4 45	14 23	7 28	1 ♉ 54 06	16 25
26	Su	12 20 44	3 17 55	1 19	8 ♉ 03 12	4 19	18 16	7 25	14 14 33	19 57
27	M	12 24 41	4 16 44	1 42	20 28 25	3 40	21 24	7 22	26 45 02	22 36
28	T	12 28 37	5 15 36	2 05	3 ♊ 04 45	2 50	23 33	7 18	9 ♊ 27 53	24 11
29	W	12 32 34	6 14 30	2 29	15 54 48	1 50	24 31	7 15	22 25 54	24 30
30	Th	12 36 30	7♎13 26	2 S 52	29 ♊ 01 34	0 N43	24 N09	7 ♑ 12	5 ♋ 42 10	23 N27

D		Mercury			Venus			Mars			Jupiter	
M	Lat.		Dec.	Lat.		Dec.	Lat.		Dec.		Lat.	Dec.
	° ′	° ′	° ′	° ′	° ′	° ′	° ′	° ′	° ′	° ′	° ′	° ′
1	4 S 15	2 N49	3 N 19	3 S 06	12 S 16	12 S 41	0 N 04	8 S 11	8 S 26		1 S 34	1 S 04
3	3 54	3 52	4 25	3 20	13 07	13 32	0 02	8 42	8 57		1 34	1 10
5	3 25	4 59	5 33	3 35	13 56	14 20	0 N 01	9 12	9 27		1 34	1 16
7	2 52	6 06	6 38	3 50	14 44	15 08	0 00	9 42	9 57		1 35	1 22
9	2 15	7 08	7 35	4 05	15 31	15 53	0 S 02	10 13	10 27		1 35	1 28
11	1 36	8 00	8 21	4 20	16 16	16 38	0 03	10 42	10 57		1 35	1 34
13	0 57	8 39	8 53	4 34	16 59	17 20	0 04	11 12	11 27		1 35	1 41
15	0 S 21	9 02	9 08	4 49	17 41	18 01	0 06	11 42	11 56		1 36	1 47
17	0 N12	9 09	9 06	5 04	18 20	18 40	0 07	12 11	12 25		1 36	1 54
19	0 40	8 58	8 47	5 19	18 58	19 16	0 09	12 40	12 54		1 36	2 00
21	1 04	8 32	8 12	5 33	19 33	19 50	0 10	13 08	13 23		1 36	2 06
23	1 23	7 50	7 24	5 47	20 06	20 22	0 11	13 37	13 51		1 36	2 13
25	1 37	6 55	6 24	6 00	20 37	20 51	0 12	14 05	14 19		1 36	2 19
27	1 47	5 49	5 13	6 14	21 05	21 17	0 14	14 33	14 46		1 36	2 25
29	1 52	4 35	3 N 55	6 26	21 29	21 S 41	0 15	15 00	15 S 14		1 36	2 32
31	1 N54	3 N14		6 S 38	21 S 51		0 S 16	15 S 27			1 S 36	2 S 38

D M	☿ Long. ° ′	♀ Long. ° ′	♂ Long. ° ′	♃ Long. ° ′	♄ Long. ° ′	♅ Long. ° ′	♆ Long. ° ′	♇ Long. ° ′
1	12♍50	24♎12	21♎08	0♈56	4♎11	29♓24	26♒58	2♑50
2	11R 53	25 03	21 47	0R 49	4 18	29R 22	26R 57	2R 50
3	10 56	25 53	22 26	0 42	4 25	29 19	26 55	2 49
4	10 00	26 43	23 06	0 35	4 32	29 17	26 54	2 49
5	9 06	27 31	23 45	0 28	4 39	29 15	26 52	2 49
6	8 15	28 19	24 24	0 20	4 46	29 12	26 50	2 48
7	7 29	29 06	25 04	0 13	4 53	29 10	26 49	2 48
8	6 49	29♎53	25 43	0♈05	5 00	29 08	26 47	2 48
9	6 15	0♏38	26 23	29♓58	5 07	29 06	26 46	2 48
10	5 49	1 23	27 03	29 50	5 14	29 03	26 44	2 48
11	5 32	2 07	27 43	29 42	5 21	29 01	26 43	2 48
12	5 23	2 50	28 22	29 35	5 29	28 58	26 41	2 47
13	5D 23	3 32	29 02	29 27	5 36	28 56	26 40	2 47
14	5 33	4 12	29♎42	29 19	5 43	28 54	26 38	2D 47
15	5 52	4 52	0♏22	29 11	5 50	28 51	26 37	2 47
16	6 20	5 31	1 02	29 03	5 58	28 49	26 36	2 47
17	6 57	6 08	1 43	28 55	6 05	28 47	26 34	2 48
18	7 42	6 45	2 23	28 47	6 12	28 44	26 33	2 48
19	8 36	7 20	3 03	28 39	6 20	28 42	26 31	2 48
20	9 37	7 53	3 44	28 31	6 27	28 39	26 30	2 48
21	10 45	8 26	4 24	28 23	6 34	28 37	26 29	2 48
22	11 59	8 57	5 05	28 15	6 42	28 35	26 27	2 48
23	13 20	9 26	5 45	28 07	6 49	28 32	26 26	2 49
24	14 45	9 54	6 26	27 59	6 56	28 30	26 25	2 49
25	16 14	10 20	7 07	27 51	7 04	28 27	26 24	2 49
26	17 48	10 45	7 47	27 43	7 11	28 25	26 22	2 50
27	19 25	11 08	8 28	27 35	7 19	28 23	26 21	2 50
28	21 04	11 30	9 09	27 27	7 26	28 20	26 20	2 51
29	22 46	11 49	9 50	27 20	7 33	28 18	26 19	2 51
30	24♍29	12♏07	10♏31	27♓12	7♎41	28♓15	26♒18	2♑52

Lunar Aspects

D	☉	☿	♀	♂	♃	♄	♅	♆	♇
1	□	□	⚼	⚼	⚹	△			
2			△	△					
3					□	□	□	△	☍
4	⚹	⚹		□				⚼	
5	∠	⚺	□		△	⚹	△		
6	⚺				⚼	∠	⚼		⚼
7		☌	⚹	⚹		⚺		☍	△
8	☌		∠	∠					
9		⚺	⚺	⚺	☍	☌	☍		□
10	⚺	∠						⚼	
11	∠	⚹	●	☌		⚺		△	⚹
12	⚹				⚼	∠	⚼		∠
13		□	⚺	⚺	△	⚹	△	□	⚺
14				∠					
15	□		∠	⚹	□		□	⚹	
16		△	⚹			□		∠	☌
17	△	⚼							
18			□	□	⚹	△	⚹	⚺	⚺
19	⚼				∠		∠		∠
20					⚺	⚼	⚺	☌	
21		☍	△	△					⚹
22			⚼	⚼					
23	☍				☌	☍	☌	⚺	□
24								∠	
25					⚺		⚺	⚹	
26		⚼	☍	☍	∠		∠		△
27	⚼	△				⚼		□	⚼
28	△				⚹	△	⚹		
29									
30		□	⚼	⚼	□		□	△	☍

D M	Saturn Lat. ° ′	Saturn Dec. ° ′	Uranus Lat. ° ′	Uranus Dec. ° ′	Neptune Lat. ° ′	Neptune Dec. ° ′	Pluto Lat. ° ′	Pluto Dec. ° ′
1	2N10	0N20	0S47	0S58	0S29	12S59	4N55	18S30
3	2 10	0 14	0 47	0 59	0 29	13 00	4 54	18 30
5	2 10	0 09	0 47	1 01	0 29	13 01	4 54	18 31
7	2 10	0N03	0 47	1 03	0 29	13 02	4 53	18 31
9	2 10	0S03	0 47	1 05	0 29	13 03	4 53	18 32
11	2 10	0 08	0 47	1 07	0 29	13 04	4 52	18 32
13	2 10	0 14	0 47	1 09	0 29	13 05	4 52	18 33
15	2 10	0 20	0 47	1 11	0 29	13 06	4 51	18 33
17	2 10	0 26	0 47	1 13	0 29	13 07	4 51	18 34
19	2 10	0 32	0 47	1 14	0 29	13 08	4 50	18 34
21	2 10	0 37	0 47	1 16	0 29	13 09	4 50	18 35
23	2 10	0 43	0 47	1 18	0 29	13 10	4 49	18 35
25	2 10	0 49	0 47	1 20	0 29	13 11	4 49	18 36
27	2 10	0 55	0 47	1 22	0 29	13 12	4 48	18 36
29	2 10	1 01	0 47	1 24	0 29	13 12	4 48	18 37
31	2N10	1S06	0S47	1S26	0S29	13S13	4N47	18S37

Mutual Aspects

1 ♂Q♇. ☉#♂.
3 ☉☌☿. ☉∠♀. ☿∠♀. ♀ ∥ ♆.
4 ♀△♆. 5 ☿∠♂.
7 ♀⊼♅. ☉ ∥ ☿.
8 ♀⊼♃. 10 ♂△♆.
12 ☿⚺♄. ♀⚹♇. ☿Stat.
13 ♂⊼♅.
14 ♂⊼♃. ♇Stat.
15 ☿⚺♄. ♀±♃. ♀±♅.
17 ♀⚺♄.
18 ☉#♃. ♀ ∥ ♇.
19 ☉⊼♆. ♂⚹♇. ♃☌♅. ☉#♅.
21 ☉⊥♂. ☉☍♃. ☉☍♅. ♂±♃. ♂±♅.
☉#♄. ♂ ∥ ♆.
25 ☉±♆. ♂⚺♄. ☉ ∥ ♄.
26 ☉□♇. ☉ ∥ ♅.
28 ☉⊥♀. 29 ☉ ∥ ♃.
30 ♀⚼♃.

20					OCTOBER		2010		[RAPHAEL'S

D M	D W	Sidereal Time	☉ Long.	☉ Dec.	☽ Long.	☽ Lat.	☽ Dec.	Node	24h. ☽ Long.	☽ Dec.
		h m s	° ′ ″	° ′	° ′ ″	° ′	° ′	° ′	° ′ ″	° ′
1	F	12 40 27	8♎12 25	3 S 15	12♋28 05	0 S 28	22 N24	7 ✔09	19♋19 35	21 N00
2	S	12 44 23	9 11 26	3 39	26 16 53	1 39	19 16	7 06	3♌20 06	17 15
3	Su	12 48 20	10 10 30	4 02	10♌29 12	2 46	14 57	7 03	17 43 59	12 24
4	M	12 52 17	11 09 35	4 25	25 04 03	3 44	9 39	6 59	2♍28 50	6 44
5	T	12 56 13	12 08 43	4 48	9♍57 32	4 28	3 N42	6 56	17 29 11	0 N35
6	W	13 00 10	13 07 53	5 11	25 02 39	4 54	2 S32	6 53	2♎36 40	5 S37
7	Th	13 04 06	14 07 05	5 34	10♎09 56	5 00	8 37	6 50	17 41 06	11 29
8	F	13 08 03	15 06 19	5 57	25 08 55	4 45	14 09	6 47	2 ♏32 15	16 34
9	S	13 11 59	16 05 35	6 20	9 ♏50 06	4 11	18 44	6 43	17 01 42	20 34
10	Su	13 15 56	17 04 53	6 43	24 06 28	3 22	22 04	6 40	1 ✔04 04	23 12
11	M	13 19 52	18 04 14	7 05	7 ✔54 21	2 23	23 58	6 37	14 37 23	24 23
12	T	13 23 49	19 03 35	7 28	21 13 22	1 17	24 26	6 34	27 42 40	24 09
13	W	13 27 46	20 02 59	7 50	4 ✔05 46	0 S 10	23 32	6 31	10 ✔23 11	22 39
14	Th	13 31 42	21 02 25	8 13	16 35 32	0 N56	21 29	6 28	22 43 29	20 05
15	F	13 35 39	22 01 52	8 35	28 47 42	1 58	18 29	6 24	4 ♒48 50	16 41
16	S	13 39 35	23 01 21	8 57	10♒47 33	2 53	14 45	6 21	16 44 29	12 40
17	Su	13 43 32	24 00 51	9 19	22 40 15	3 41	10 28	6 18	28 35 24	8 12
18	M	13 47 28	25 00 23	9 41	4 ✕30 27	4 19	5 50	6 15	10 ✕25 54	3 S26
19	T	13 51 25	25 59 58	10 02	16 22 10	4 45	1 S00	6 12	22 19 36	1 N27
20	W	13 55 21	26 59 34	10 24	28 18 32	4 59	3 N54	6 09	4 ♈19 13	6 20
21	Th	13 59 18	27 59 11	10 45	10 ♈21 51	5 01	8 43	6 05	16 26 37	11 01
22	F	14 03 15	28 58 51	11 07	22 33 39	4 48	13 14	6 02	28 43 00	15 19
23	S	14 07 11	29♎58 33	11 28	4 ♉54 46	4 22	17 16	5 59	11 ♉08 59	19 02
24	Su	14 11 08	0 ♏58 17	11 49	17 25 41	3 43	20 36	5 56	23 44 54	21 55
25	M	14 15 04	1 58 03	12 09	0 ♊06 42	2 52	22 59	5 53	6 ♊31 09	23 45
26	T	14 19 01	2 57 51	12 30	12 58 20	1 52	24 12	5 49	19 28 42	24 20
27	W	14 22 57	3 57 41	12 50	26 01 25	0 N45	24 07	5 46	2 ♋37 37	23 34
28	Th	14 26 54	4 57 33	13 10	9♋17 10	0 S 26	22 41	5 43	16 00 17	21 28
29	F	14 30 50	5 57 28	13 30	22 47 08	1 37	19 56	5 40	29 37 55	18 06
30	S	14 34 47	6 57 24	13 50	6 ♌32 45	2 43	16 00	5 37	13 ♌31 44	13 40
31	Su	14 38 44	7 ♏57 22	14 S 10	20 ♌34 51	3 S 41	11 N08	5 ✔34	27 ♌42 02	8 N25

D M	Mercury			Venus			Mars			Jupiter	
	Lat.	Dec.		Lat.	Dec.		Lat.	Dec.		Lat.	Dec.
	° ′	° ′	° ′	° ′	° ′	° ′	° ′	° ′	° ′	° ′	° ′
1	1 N54	3 N14	2 N 32	6 S 38	21 S 51	22 S 00	0 S 16	15 S 27	15 S 40	1 S 36	2 S 38
3	1 52	1 48	1 N 04	6 48	22 09	22 17	0 18	15 54	16 07	1 36	2 44
5	1 48	0 N20	0 S 26	6 58	22 23	22 29	0 19	16 20	16 33	1 35	2 50
7	1 42	1 S 11	1 57	7 06	22 33	22 37	0 20	16 45	16 58	1 35	2 55
9	1 34	2 42	3 28	7 12	22 39	22 40	0 21	17 11	17 23	1 35	3 01
11	1 24	4 13	4 59	7 16	22 40	22 39	0 22	17 35	17 48	1 35	3 06
13	1 14	5 44	6 28	7 19	22 36	22 32	0 24	18 00	18 12	1 35	3 11
15	1 02	7 12	7 56	7 19	22 27	22 20	0 25	18 23	18 35	1 34	3 16
17	0 50	8 40	9 22	7 16	22 12	22 02	0 26	18 46	18 58	1 34	3 21
19	0 37	10 05	10 46	7 10	21 51	21 38	0 27	19 09	19 20	1 34	3 25
21	0 24	11 27	12 07	7 01	21 24	21 09	0 28	19 31	19 42	1 33	3 29
23	0 N10	12 47	13 26	6 49	20 52	20 34	0 29	19 52	20 03	1 33	3 33
25	0 S 03	14 04	14 42	6 34	20 15	19 55	0 31	20 13	20 23	1 33	3 37
27	0 17	15 18	15 54	6 15	19 34	19 12	0 32	20 33	20 43	1 32	3 40
29	0 30	16 29	17 03	5 54	18 49	18 S 25	0 33	20 52	21 S 01	1 32	3 43
31	0 S 43	17 S 37		5 S 29	18 S 01		0 S 34	21 S 11		1 S 31	3 S 45

FULL MOON – Oct.23,01h.36m. (29°♈33′)

D M	☿ Long.	♀ Long.	♂ Long.	♃ Long.	♄ Long.	♅ Long.	♆ Long.	♇ Long.	☉	☿	♀	♂	♃	♄	♅	♆	♇
	° ′	° ′	° ′	° ′	° ′	° ′	° ′	° ′									
1	26♍14	12♏23	11♏13	27♓04	7♎48	28♓13	26♒16	2♑52	□		△	△		□		⚼	
2	28 00	12 36	11 54	26R 56	7 56	28R 11	26R 15	2 53		⚹			△		△		
3	29♍46	12 48	12 35	26 49	8 03	28 08	26 14	2 53	⚹	∠	□	□	⚼	⚹	⚼		
4	1♎33	12 58	13 16	26 41	8 10	28 06	26 13	2 54	∠	⚺				∠		☍	⚼
5	3 20	13 05	13 58	26 34	8 18	28 04	26 12	2 54	⚺		⚹	⚹		⚺			△
6	5 08	13 10	14 39	26 26	8 25	28 01	26 11	2 55			∠	∠	☍		☍		
7	6 55	13 13	15 21	26 19	8 33	27 59	26 10	2 56	☌	☌	⚺	⚺		☌		⚼	□
8	8 42	13R 14	16 03	26 12	8 40	27 57	26 09	2 57								△	
9	10 28	13 12	16 44	26 05	8 47	27 55	26 08	2 57	⚺	⚺	☌		⚼	⚺	⚼		⚹
10	12 14	13 08	17 26	25 58	8 55	27 52	26 07	2 58		∠		☌	△	∠	△	□	∠
11	14 00	13 02	18 08	25 51	9 02	27 50	26 07	2 59	∠		⚺			⚹			⚺
12	15 45	12 53	18 50	25 44	9 09	27 48	26 06	3 00	⚹	⚹		⚺	□			⚹	
13	17 29	12 42	19 32	25 38	9 17	27 46	26 05	3 01			∠	∠		□	□		☌
14	19 13	12 28	20 14	25 31	9 24	27 44	26 04	3 02	□	□	⚹	⚹				∠	
15	20 56	12 12	20 56	25 25	9 31	27 41	26 03	3 03					⚹		⚹	⚺	⚺
16	22 38	11 54	21 38	25 18	9 39	27 39	26 03	3 04			□		∠	△	∠		
17	24 20	11 33	22 20	25 12	9 46	27 37	26 02	3 05	△	△		□	⚺	⚼	⚺	☌	∠
18	26 01	11 10	23 03	25 06	9 53	27 35	26 01	3 06									⚹
19	27 42	10 45	23 45	25 01	10 00	27 33	26 01	3 07	⚼	⚼	△						
20	29♎21	10 18	24 28	24 55	10 07	27 31	26 00	3 08			⚼	△	☌		☌	⚺	□
21	1♏01	9 49	25 10	24 49	10 15	27 29	26 00	3 09				⚼		☍		∠	
22	2 39	9 18	25 53	24 44	10 22	27 27	25 59	3 10					⚺		⚺	⚹	
23	4 17	8 46	26 35	24 39	10 29	27 25	25 59	3 11	☍	☍	☍		∠				△
24	5 55	8 13	27 18	24 34	10 36	27 23	25 58	3 12							∠		⚼
25	7 31	7 38	28 01	24 29	10 43	27 22	25 58	3 14				☍	⚹	⚼	⚹	□	
26	9 08	7 03	28 43	24 24	10 50	27 20	25 57	3 15	⚼					△			
27	10 43	6 27	29♏26	24 20	10 57	27 18	25 57	3 16		⚼	⚼		□		□	△	
28	12 19	5 51	0♐09	24 16	11 04	27 16	25 56	3 18	△	△	△	⚼		□		⚼	☍
29	13 53	5 14	0 52	24 11	11 11	27 14	25 56	3 19					△		△		
30	15 28	4 37	1 35	24 07	11 18	27 13	25 56	3 20	□		□	△	⚼	⚹	⚼		
31	17♏01	4♏01	2♐19	24♓04	11♎25	27♓11	25♒56	3♑22		□				∠		☍	⚼

D M	Saturn Lat.	Saturn Dec.	Uranus Lat.	Uranus Dec.	Neptune Lat.	Neptune Dec.	Pluto Lat.	Pluto Dec.
	° ′	° ′	° ′	° ′	° ′	° ′	° ′	° ′
1	2N10	1S06	0S47	1S26	0S29	13S13	4N47	18S37
3	2 10	1 12	0 47	1 28	0 29	13 14	4 47	18 38
5	2 10	1 18	0 47	1 29	0 29	13 15	4 46	18 38
7	2 10	1 24	0 47	1 31	0 29	13 15	4 46	18 39
9	2 10	1 29	0 47	1 33	0 29	13 16	4 45	18 39
11	2 10	1 35	0 47	1 35	0 29	13 16	4 45	18 40
13	2 10	1 41	0 47	1 37	0 29	13 17	4 44	18 40
15	2 11	1 46	0 47	1 38	0 29	13 18	4 44	18 41
17	2 11	1 52	0 47	1 40	0 29	13 18	4 43	18 41
19	2 11	1 57	0 47	1 41	0 29	13 18	4 43	18 41
21	2 11	2 03	0 47	1 43	0 29	13 19	4 42	18 42
23	2 11	2 08	0 47	1 44	0 29	13 19	4 42	18 42
25	2 11	2 14	0 47	1 46	0 29	13 19	4 41	18 43
27	2 12	2 19	0 47	1 47	0 29	13 20	4 41	18 43
29	2 12	2 24	0 47	1 49	0 29	13 20	4 40	18 43
31	2N12	2S29	0S47	1S50	0S29	13S20	4N40	18S44

Mutual Aspects

1 ☉☌♄. ☿∠♂. ☿☍♃. ☿⚻♆. ☉#☿.
2 ☿∠♀. ☿☍♅. ♂⚼♃. ☿#♃.
3 ♀☌♂. ☿#♅.
4 ☉⚼♆. ☿±♆. ♂⚼♅. ☿#♄.
5 ☿□♇. ♀⚼♅.
6 ☉⚺♀. ♂⊥♄.
7 ☿⊥♀. ☿ǁ♄. ☿ǁ♅.
8 ☿☌♄. ♃⚺♆. ♀Stat.
9 ☿⊥♂. ☿⚼♆. ☿ǁ♃.
10 ☿⚺♀.
11 ☉⚺♂. ♂∠♇. ♄ǁ♅.
13 ♀⚼♅. 14 ☉Q♇.
15 ☿⚺♂. ☿Q♇.
17 ☉☌☿. ☿⚻♃. ♂ǁ♇.
18 ☉⚻♃. ☿△♆.
19 ☉△♆. ☿⚻♅. ☉ǁ☿.
20 ♀⚺♄.
21 ☉⚻♅. ☿±♃. ♀⚼♃. ♂△♃. ♂∠♄
22 ☿±♅. ☿⚹♇. ♂□♆.
24 ☉±♃. ♂△♅. ♂⊥♇. ☿ǁ♆.
25 ☿☌♀. ♀ǁ♂.
26 ☉±♅. ☉⚹♇. ☿⚼♃.
27 ☿⚺♄. ♄⚼♆.
28 ☿⚼♅. ☉ǁ♆.
29 ☉☌♀. ♀ǁ♇.
31 ☿⊥♄. ☿ǁ♀.

LAST QUARTER – Oct. 1,03h.52m. (7°♋52′) & Oct.30,12h.46m. (6°♌59′)

NEW MOON–Nov. 6,04h.52m. (13°♏40′)

22					NOVEMBER		2010		[RAPHAEL'S	
D M	D W	Sidereal Time	☉ Long.	☉ Dec.	☽ Long.	☽ Lat.	☽ Dec.	Node	24h. ☽ Long.	☽ Dec.
		h m s	° ′ ″	° ′	° ′ ″	° ′	° ′	° ′	° ′ ″	° ′
1	M	14 42 40	8♏57 24	14 S 29	4♍53 01	4 S 27	5 N35	5♑30	12♍07 30	2 N39
2	T	14 46 37	9 57 27	14 48	19 24 57	4 56	0 S21	5 27	26 44 46	3 S 21
3	W	14 50 33	10 57 32	15 07	4♎06 11	5 06	6 18	5 24	11♎28 20	9 11
4	Th	14 54 30	11 57 40	15 25	18 50 15	4 56	11 56	5 21	26 10 58	14 30
5	F	14 58 26	12 57 49	15 44	3♏29 28	4 26	16 51	5 18	10♏44 48	18 56
6	S	15 02 23	13 58 00	16 02	17 56 06	3 40	20 42	5 15	25 02 37	22 08
7	Su	15 06 19	14 58 13	16 20	2♐03 43	2 41	23 13	5 11	8♐58 58	23 55
8	M	15 10 16	15 58 28	16 37	15 48 03	1 35	24 15	5 08	22 30 50	24 13
9	T	15 14 13	16 58 45	16 54	29 07 21	0 S24	23 50	5 05	5♑37 44	23 08
10	W	15 18 09	17 59 03	17 11	12♑02 17	0 N46	22 08	5 02	18 21 22	20 52
11	Th	15 22 06	18 59 22	17 28	24 35 27	1 51	19 23	4 59	0≈45 05	17 41
12	F	15 26 02	19 59 43	17 44	6≈50 49	2 50	15 49	4 55	12 53 17	13 48
13	S	15 29 59	21 00 05	18 00	18 53 07	3 41	11 40	4 52	24 50 58	9 26
14	Su	15 33 55	22 00 28	18 16	0✗47 27	4 21	7 07	4 49	6✗43 13	4 S45
15	M	15 37 52	23 00 53	18 32	12 38 52	4 50	2 S21	4 46	18 34 58	0 N05
16	T	15 41 48	24 01 19	18 47	24 32 04	5 06	2 N31	4 43	0♈30 40	4 56
17	W	15 45 45	25 01 47	19 01	6♈31 13	5 10	7 19	4 40	12 34 07	9 40
18	Th	15 49 42	26 02 16	19 16	18 39 41	4 59	11 55	4 36	24 48 14	14 05
19	F	15 53 38	27 02 46	19 30	0♉59 59	4 35	16 06	4 33	7♉15 05	17 59
20	S	15 57 35	28 03 18	19 44	13 33 37	3 57	19 40	4 30	19 55 40	21 08
21	Su	16 01 31	29♏03 51	19 57	26 21 12	3 06	22 21	4 27	2♊50 12	23 17
22	M	16 05 28	0✗04 26	20 10	9♊22 33	2 05	23 55	4 24	15 58 09	24 13
23	T	16 09 24	1 05 03	20 23	22 36 52	0 N56	24 10	4 20	29 18 34	23 46
24	W	16 13 21	2 05 40	20 35	6♋03 06	0 S17	23 01	4 17	12♋50 20	21 55
25	Th	16 17 17	3 06 20	20 47	19 40 08	1 30	20 30	4 14	26 32 22	18 47
26	F	16 21 14	4 07 01	20 58	3♌26 56	2 39	16 48	4 11	10♌23 42	14 34
27	S	16 25 11	5 07 43	21 09	17 22 34	3 40	12 08	4 08	24 23 24	9 32
28	Su	16 29 07	6 08 27	21 20	1♍26 03	4 28	6 47	4 05	8♍30 23	3 N57
29	M	16 33 04	7 09 13	21 30	15 36 09	5 00	1 N04	4 01	22 43 06	1 S51
30	T	16 37 00	8✗10 00	21 S 40	29♍50 57	5 S14	4 S44	3♑58	6♎59 19	7 S 34

D M	Mercury Lat.	Mercury Dec.		Venus Lat.	Venus Dec.		Mars Lat.	Mars Dec.		Jupiter Lat.	Jupiter Dec.
	° ′	° ′	° ′	° ′	° ′	° ′	° ′	° ′	° ′	° ′	° ′
1	0 S 50	18 S 09		5 S 16	17 S 37		0 S 34	21 S 20		1 S 31	3 S 47
3	1 03	19 11	18 S 41	4 49	16 47	17 S 12	0 36	21 37	21 S 28	1 31	3 49
5	1 15	20 10	19 41	4 20	15 58	16 22	0 37	21 54	21 45	1 30	3 51
7	1 27	21 04	20 37	3 50	15 09	15 33	0 38	22 10	22 02	1 30	3 52
9	1 38	21 54	21 30	3 20	14 23	14 46	0 39	22 25	22 17	1 29	3 54
			22 18			14 01			22 32		
11	1 48	22 40		2 49	13 41		0 40	22 39		1 29	3 54
13	1 58	23 22	23 02	2 19	13 01	13 20	0 41	22 52	22 45	1 28	3 55
15	2 07	23 59	23 41	1 49	12 25	12 43	0 42	23 04	22 58	1 28	3 55
17	2 14	24 31	24 15	1 21	11 55	12 09	0 43	23 16	23 10	1 27	3 55
19	2 21	24 58	24 45	0 53	11 28	11 41	0 44	23 27	23 21	1 27	3 55
			25 09			11 17			23 32		
21	2 25	25 19		0 27	11 06		0 45	23 36		1 26	3 54
23	2 28	25 35	25 28	0 S 03	10 50	10 58	0 45	23 45	23 41	1 26	3 53
25	2 30	25 46	25 41	0 N 20	10 38	10 44	0 46	23 53	23 49	1 25	3 51
27	2 29	25 51	25 49	0 42	10 30	10 33	0 47	23 59	23 56	1 25	3 50
29	2 25	25 50	25 51	1 02	10 26	10 28	0 48	24 05	24 02	1 24	3 47
31	2 S 18	25 S 44	25 S 48	1 N 20	10 S 26	10 S 26	0 S 49	24 S 10	24 S 08	1 S 24	3 S 45

FIRST QUARTER–Nov.13,16h.39m. (21°≈12′)

FULL MOON–Nov.21,17h.27m. (29°♉18′)

D M	☿ Long.	♀ Long.	♂ Long.	♃ Long.	♄ Long.	♅ Long.	♆ Long.	♇ Long.	Lunar Aspects ☉	☿	♀	♂	♃	♄	♅	♆	♇
	° ′	° ′	° ′	° ′	° ′	° ′	° ′	° ′									
1	18♏35	3♏26	3♐02	24♓00	11♎32	27♓09	25♒55	3♑23	✱		✱	□		⚺			△
2	20 08	2R 51	3 45	23R 57	11 39	27R 08	25R 55	3 24	∠	✱	∠		☍				
3	21 40	2 17	4 28	23 53	11 46	27 06	25 55	3 26	⚺	∠	⚺	✱			☍	⚼	□
4	23 12	1 44	5 12	23 50	11 52	27 05	25 55	3 27		⚺		∠		☌		△	
5	24 44	1 13	5 55	23 48	11 59	27 03	25 55	3 29			●	⚺	⚼				✱
6	26 15	0 44	6 39	23 45	12 06	27 02	25 55	3 30	☌				△	⚺	⚼		∠
7	27 46	0♏16	7 22	23 43	12 12	27 01	25D 55	3 32		☌	⚺	☌		∠	△	□	⚺
8	29♏16	29♎51	8 06	23 40	12 19	26 59	25 55	3 34	⚺		∠			✱			
9	0♐46	29 27	8 50	23 38	12 26	26 58	25 55	3 35	∠	⚺	✱		□		□	✱	☌
10	2 16	29 06	9 34	23 37	12 32	26 57	25 55	3 37		∠		⚺		□		∠	
11	3 45	28 46	10 18	23 35	12 39	26 55	25 55	3 38	✱		□	∠	✱		✱	⚺	
12	5 13	28 30	11 01	23 34	12 45	26 54	25 55	3 40		✱		✱	∠	△	∠		⚺
13	6 42	28 15	11 45	23 32	12 51	26 53	25 56	3 42	□				⚺				∠
14	8 09	28 03	12 29	23 32	12 58	26 52	25 56	3 44			△			⚼	⚺	☌	✱
15	9 37	27 54	13 13	23 31	13 04	26 51	25 56	3 45		□	⚼	□					
16	11 03	27 46	13 58	23 30	13 10	26 50	25 56	3 47	△				☌		☌	⚺	
17	12 29	27 42	14 42	23 30	13 16	26 49	25 57	3 49	⚼							∠	□
18	13 55	27 40	15 26	23 30	13 22	26 48	25 57	3 51		△		△	⚺	☍			
19	15 20	27D 40	16 10	23D 30	13 28	26 47	25 57	3 52		⚼	☍	⚼			⚺	✱	△
20	16 44	27 43	16 55	23 30	13 34	26 46	25 58	3 54					∠		∠		⚼
21	18 07	27 48	17 39	23 30	13 40	26 46	25 58	3 56	☍				✱	⚼	✱	□	
22	19 29	27 55	18 24	23 31	13 46	26 45	25 59	3 58			⚼			△			
23	20 49	28 05	19 08	23 32	13 52	26 44	25 59	4 00		☍	△	☍	□		□	△	
24	22 09	28 17	19 53	23 33	13 58	26 44	26 00	4 02								⚼	☍
25	23 27	28 31	20 37	23 34	14 04	26 43	26 01	4 04	⚼				△	□			
26	24 44	28 47	21 22	23 36	14 09	26 43	26 01	4 05	△	⚼	□	⚼	⚼		△		
27	25 58	29 05	22 07	23 38	14 15	26 42	26 02	4 07				△		✱	⚼		⚼
28	27 10	29 25	22 52	23 40	14 20	26 42	26 03	4 09	□	△	✱			∠		☍	△
29	28 20	29♎48	23 37	23 42	14 26	26 41	26 03	4 11			∠			⚺			
30	29♐27	0♏12	24♐22	23♓44	14♎31	26♓41	26♒04	4♑13		□	⚺	□	☍		☍		□

D M	Saturn Lat.	Saturn Dec.	Uranus Lat.	Uranus Dec.	Neptune Lat.	Neptune Dec.	Pluto Lat.	Pluto Dec.
	° ′	° ′	° ′	° ′	° ′	° ′	° ′	° ′
1	2N12	2S32	0S47	1S50	0S29	13S20	4N40	18S44
3	2 12	2 37	0 46	1 52	0 29	13 20	4 39	18 44
5	2 13	2 42	0 46	1 53	0 29	13 20	4 39	18 45
7	2 13	2 47	0 46	1 54	0 29	13 20	4 39	18 45
9	2 13	2 52	0 46	1 55	0 29	13 20	4 38	18 45
11	2 14	2 57	0 46	1 56	0 29	13 20	4 38	18 46
13	2 14	3 01	0 46	1 57	0 29	13 20	4 37	18 46
15	2 14	3 06	0 46	1 57	0 29	13 20	4 37	18 46
17	2 14	3 10	0 46	1 58	0 29	13 20	4 37	18 47
19	2 15	3 15	0 46	1 59	0 29	13 19	4 36	18 47
21	2 15	3 19	0 46	1 59	0 29	13 19	4 36	18 47
23	2 16	3 23	0 46	2 00	0 29	13 19	4 35	18 47
25	2 16	3 27	0 46	2 00	0 29	13 18	4 35	18 48
27	2 16	3 31	0 46	2 00	0 29	13 18	4 35	18 48
29	2 17	3 35	0 45	2 01	0 29	13 17	4 34	18 48
31	2N17	3S39	0S45	2S01	0S29	13S17	4N34	18S48

Mutual Aspects

1 ☉⚼♃. ☿∠♇. ♀⚺♂. ♀±♅. ♀✱♇.
2 ♂⚺♇. ☿∥♇.
4 ☉⚺♄. ☉⚼♅. ☿△♃.
5 ☉∥♀.
6 ☿□♆. ♀⊥♂.
7 ☿∠♄. ☿△♅. ☿⊥♇. ♆Stat.
8 ☿⚺♀. ♀±♃.
11 ☉⊥♄. ☉∠♇. ☿⚺♇. ☿∥♂.
12 ☿⊥♀. ♀∥♆.
15 ☉△♃. ♀∠♂. ♂✱♄.
16 ♂Q♆ ☉∥♇
17 ☿∠♀.
18 ☉□♆. ☿✱♄. ☿Q♆. ♀Stat. ♃Stat.
19 ☉△♅.
20 ☉⚺♀. ☉⊥♇. ☿☌♂.
21 ☉∠♄. 25 ☿□♃.
26 ☉⚺♇.
27 ☉⊥♀. ☿Q♄. ☿✱♆.
28 ☿□♅.
29 ♀±♃. ♂□♃.

LAST QUARTER–Nov.28,20h.36m. (6°♍30′)

NEW MOON – Dec. 5,17h.36m. (13° ✓ 28′)

D M	D W	Sidereal Time	⊙ Long.	⊙ Dec.	☽ Long.	☽ Lat.	☽ Dec.	☽ Node	☽ Long. 24h.	☽ Dec. 24h.
		h m s	° ′ ″	° ′	° ′ ″	° ′	° ′	° ′	° ′	° ′
1	W	16 40 57	9 ✓ 10 49	21 S 50	14 ♎ 07 47	5 S 08	10 S 18	3 ♑ 55	21 ♎ 15 54	12 S 54
2	Th	16 44 53	10 11 39	21 59	28 23 09	4 44	15 19	3 52	5 ♏ 29 00	17 30
3	F	16 48 50	11 12 31	22 07	12 ♏ 32 53	4 02	19 26	3 49	19 34 16	21 05
4	S	16 52 46	12 13 23	22 15	26 32 37	3 06	22 24	3 46	3 ✓ 27 27	23 22
5	Su	16 56 43	13 14 18	22 23	10 ✓ 18 22	2 01	23 59	3 42	17 04 58	24 13
6	M	17 00 40	14 15 13	22 31	23 47 01	0 S 49	24 07	3 39	0 ♑ 24 19	23 39
7	T	17 04 36	15 16 09	22 37	6 ♑ 56 46	0 N23	22 52	3 36	13 24 22	21 47
8	W	17 08 33	16 17 06	22 44	19 47 15	1 33	20 27	3 33	26 05 33	18 52
9	Th	17 12 29	17 18 04	22 50	2 ≈ 19 34	2 36	17 06	3 30	8 ≈ 29 37	15 10
10	F	17 16 26	18 19 03	22 55	14 36 06	3 31	13 05	3 26	20 39 28	10 53
11	S	17 20 22	19 20 02	23 01	26 40 14	4 16	8 37	3 23	2 ✕ 38 56	6 16
12	Su	17 24 19	20 21 02	23 05	8 ✕ 36 08	4 49	3 S 53	3 20	14 32 25	1 S 28
13	M	17 28 15	21 22 02	23 09	20 28 22	5 09	0 N58	3 17	26 24 37	3 N23
14	T	17 32 12	22 23 03	23 13	2 ♈ 21 45	5 17	5 47	3 14	8 ♈ 20 21	8 08
15	W	17 36 09	23 24 04	23 16	14 20 59	5 10	10 25	3 11	20 24 13	12 38
16	Th	17 40 05	24 25 06	23 19	26 30 31	4 50	14 44	3 07	2 ♉ 40 21	16 42
17	F	17 44 02	25 26 08	23 22	8 ♉ 54 08	4 16	18 30	3 04	15 12 11	20 07
18	S	17 47 58	26 27 11	23 23	21 34 48	3 29	21 31	3 01	28 02 08	22 39
19	Su	17 51 55	27 28 14	23 25	4 ♊ 34 19	2 30	23 31	2 58	11 ♊ 11 22	24 03
20	M	17 55 51	28 29 18	23 26	17 53 12	1 21	24 14	2 55	24 39 39	24 04
21	T	17 59 48	29 ✓ 30 23	23 26	1 ♋ 30 30	0 N07	23 33	2 52	8 ♋ 25 23	22 39
22	W	18 03 44	0 ♑ 31 27	23 26	15 23 56	1 S 10	21 24	2 48	22 25 41	19 49
23	Th	18 07 41	1 32 33	23 26	29 30 08	2 23	17 55	2 45	6 ♌ 36 45	15 46
24	F	18 11 38	2 33 39	23 25	13 ♌ 44 59	3 28	13 22	2 42	20 54 18	10 47
25	S	18 15 34	3 34 45	23 23	28 04 11	4 21	8 03	2 39	5 ♍ 14 08	5 N13
26	Su	18 19 31	4 35 52	23 21	12 ♍ 23 41	4 57	2 N19	2 36	19 32 25	0 S 36
27	M	18 23 27	5 37 00	23 19	26 39 59	5 15	3 S 30	2 32	3 ♎ 46 02	6 21
28	T	18 27 24	6 38 08	23 16	10 ♎ 50 19	5 14	9 06	2 29	17 52 35	11 44
29	W	18 31 20	7 39 17	23 13	24 52 38	4 54	14 11	2 26	1 ♏ 50 19	16 27
30	Th	18 35 17	8 40 26	23 09	8 ♏ 45 27	4 17	18 28	2 23	15 37 56	20 14
31	F	18 39 13	9 ♑ 41 36	23 S 05	22 ♏ 27 39	3 S 25	21 S 42	2 ♑ 20	29 ♏ 14 26	22 S 50

D M	Mercury Lat.	Mercury Dec.	Venus Lat.	Venus Dec.	Mars Lat.	Mars Dec.	Jupiter Lat.	Jupiter Dec.
	° ′	° ′ ° ′	° ′	° ′ ° ′	° ′	° ′ ° ′	° ′	° ′
1	2 S 18	25 S 44 25 S 39	1 N 20	10 S 26 10 S 28	0 S 49	24 S 10 24 S 12	1 S 24	3 S 45
3	2 08	25 32 25 25	1 37	10 30 10 33	0 50	24 13 24 15	1 23	3 42
5	1 53	25 15 25 05	1 53	10 37 10 42	0 51	24 16 24 17	1 23	3 39
7	1 34	24 54 24 41	2 07	10 47 10 53	0 51	24 18 24 18	1 22	3 36
9	1 09	24 28 24 13	2 20	11 00 11 07	0 52	24 18 24 18	1 21	3 32
11	0 39	23 58 23 41	2 31	11 15 11 23	0 53	24 18 24 17	1 21	3 28
13	0 S 04	23 24 23 07	2 42	11 32 11 42	0 54	24 16 24 15	1 20	3 24
15	0 N35	22 49 22 30	2 51	11 52 12 02	0 54	24 13 24 11	1 20	3 20
17	1 22	22 11 21 52	2 59	12 13 12 24	0 55	24 09 24 07	1 19	3 15
19	1 53	21 33 21 15	3 06	12 35 12 47	0 56	24 05 24 02	1 19	3 10
21	2 24	20 58 20 43	3 13	12 59 13 12	0 56	23 59 23 55	1 18	3 04
23	2 47	20 30 20 19	3 18	13 24 13 37	0 57	23 52 23 48	1 18	2 59
25	3 01	20 10 20 04	3 22	13 50 14 03	0 58	23 43 23 39	1 17	2 53
27	3 05	20 00 19 59	3 25	14 16 14 29	0 58	23 34 23 29	1 17	2 47
29	3 02	20 01 20 S 04	3 28	14 43 14 S 56	0 59	23 24 23 S 18	1 17	2 40
31	2 N53	20 S 10		3 N 29 15 S 10	0 S 59	23 S 13	1 S 16	2 S 34

FIRST QUARTER – Dec.13,13h.59m. (21° ✕ 27′)

FULL MOON – Dec.21,08h.13m. (29° ♊ 21′)

EPHEMERIS]				DECEMBER 2010														
D	☿	♀	♂	♃	♄	♅	♆	♇	Lunar Aspects									
M	Long.	Long.	Long.	Long.	Long.	Long.	Long.	Long.	☉	☿	♀	♂	♃	♄	♅	♆	♇
	° ′	° ′	° ′	° ′	° ′	° ′	° ′	° ′									
1	0♑31	0♏38	25♐07	23♓47	14♎36	26♓41	26♒05	4♑15	⚹					☌		⚼	
2	1 31	1 05	25 52	23 49	14 42	26R 41	26 06	4 17	∠	⚹	☌	⚹				△	⚹
3	2 26	1 34	26 37	23 52	14 47	26 40	26 07	4 19	⚺	∠		∠	⚼	⚺	⚼		∠
4	3 17	2 05	27 22	23 55	14 52	26 40	26 07	4 21			⚺	⚺	△	∠	△	□	
5	4 02	2 37	28 07	23 59	14 57	26 40	26 08	4 23	☌	⚺				⚹			⚺
6	4 41	3 11	28 52	24 02	15 02	26D 40	26 09	4 25			∠	☌	□		□	⚹	
7	5 13	3 47	29♐38	24 06	15 07	26 40	26 10	4 28		☌	⚹					∠	☌
8	5 36	4 23	0♑23	24 10	15 12	26 40	26 11	4 30	⚺				⚹	□			
9	5 51	5 01	1 08	24 14	15 16	26 41	26 12	4 32	∠	⚺	□	⚺			⚹	⚺	⚺
10	5 56	5 40	1 54	24 18	15 21	26 41	26 14	4 34	⚹			∠	∠	△	∠		∠
11	5R 51	6 21	2 39	24 23	15 25	26 41	26 15	4 36		∠			⚺	⚼	⚺	☌	
12	5 34	7 02	3 25	24 27	15 30	26 41	26 16	4 38		⚹	△	⚹					⚹
13	5 07	7 45	4 11	24 32	15 34	26 42	26 17	4 40	□		⚼		☌			⚺	
14	4 27	8 29	4 56	24 37	15 39	26 42	26 18	4 42		□		□			☌		□
15	3 37	9 14	5 42	24 42	15 43	26 43	26 20	4 44						☍		∠	
16	2 36	10 00	6 28	24 48	15 47	26 43	26 21	4 46	△	△			⚺		⚺	⚹	
17	1 26	10 46	7 13	24 53	15 51	26 44	26 22	4 49	⚼		☍	△	∠		∠		△
18	0♑10	11 34	7 59	24 59	15 55	26 44	26 23	4 51		⚼		⚼	⚹		⚹	□	⚼
19	28♐48	12 23	8 45	25 05	15 59	26 45	26 25	4 53						⚼			
20	27 26	13 12	9 31	25 11	16 03	26 46	26 26	4 55						△			
21	26 04	14 02	10 17	25 17	16 06	26 46	26 28	4 57	☍	☍	⚼		□		□	△	☍
22	24 46	14 54	11 03	25 24	16 10	26 47	26 29	4 59			△	☍		□		⚼	
23	23 33	15 46	11 49	25 30	16 14	26 48	26 31	5 02					△		△		
24	22 29	16 38	12 35	25 37	16 17	26 49	26 32	5 04	⚼	⚼	□		⚼	⚹	⚼		⚼
25	21 35	17 31	13 21	25 44	16 20	26 50	26 34	5 06	△	△		⚼		∠		☍	△
26	20 50	18 26	14 08	25 51	16 24	26 51	26 35	5 08			⚹	△		⚺			
27	20 16	19 20	14 54	25 58	16 27	26 52	26 37	5 10		□			☍		☍		
28	19 53	20 16	15 40	26 06	16 30	26 53	26 38	5 12	□		∠	□		☌		⚼	□
29	19 41	21 11	16 26	26 13	16 33	26 54	26 40	5 14		⚹	⚺					△	
30	19D 38	22 08	17 13	26 21	16 36	26 56	26 42	5 17	⚹	∠			⚼		⚼		⚹
31	19♐44	23♏05	17♑59	26♓29	16♎38	26♓57	26♒43	5♑19	∠	⚺	☌	⚹	△	⚺	△	□	∠

D	Saturn		Uranus		Neptune		Pluto		Mutual Aspects
M	Lat.	Dec.	Lat.	Dec.	Lat.	Dec.	Lat.	Dec.	
	° ′	° ′	° ′	° ′	° ′	° ′	° ′	° ′	
1	2N17	3S39	0S45	2S01	0S29	13S17	4N34	18S48	1 ☿⚹♀. 2 ♂⚹♆.
3	2 18	3 43	0 45	2 01	0 29	13 16	4 34	18 48	3 ♂Q♄. ♂□♅. ♃∥♄.
5	2 18	3 46	0 45	2 01	0 29	13 16	4 34	18 49	5 ♀±♅.
7	2 18	3 49	0 45	2 01	0 29	13 15	4 33	18 49	6 ☉Q♆. ☿☌♇. ♅Stat.
9	2 19	3 53	0 45	2 01	0 29	13 14	4 33	18 49	7 ☉⚹♄. 8 ♀⚹♇.
11	2 19	3 56	0 45	2 00	0 29	13 13	4 33	18 49	10 ☿⚹♀. ☿∥♂. ☿Stat.
13	2 20	3 59	0 45	2 00	0 29	13 13	4 32	18 49	14 ☿☌♂. ☿☌♇. ♂☌♇. ☉∥☿.
15	2 20	4 02	0 45	2 00	0 29	13 12	4 32	18 49	16 ☉□♃. ♀⚼♃.
17	2 21	4 04	0 45	1 59	0 29	13 11	4 32	18 49	18 ☉□♅. ☉⚹♆. ♀⚼♅.
19	2 21	4 07	0 45	1 59	0 29	13 10	4 32	18 49	19 ☉∠♀.
21	2 22	4 09	0 45	1 58	0 29	13 09	4 31	18 49	20 ☉☌☿. ☉Q♄. ☿∠♀. ☿Q♄. ☿□♅.
23	2 22	4 11	0 45	1 57	0 29	13 08	4 31	18 49	21 ☿⚹♆.
25	2 23	4 14	0 44	1 56	0 29	13 07	4 31	18 50	22 ☿□♃. ♀∥♆.
27	2 23	4 16	0 44	1 55	0 29	13 06	4 31	18 50	23 ♂∠♆.
29	2 24	4 17	0 44	1 54	0 29	13 05	4 31	18 50	24 ☿⊥♀. ♀⚺♄.
31	2N24	4S19	0S44	1S53	0S29	13S04	4N30	18S50	26 ♂Q♃.
									27 ☉☌♇. ♂Q♅.
									28 ☿⚺♀. ♀∠♇.
									29 ♂□♄. 30 ☿Stat.
									31 ♀⊥♄.

LAST QUARTER – Dec.28,04h.18m. (6° ♎ 19′)

JANUARY

D	☉	☽	☽Dec.	☿	♀	♂
1	1 01 08	15 04 30	4 22	1 05	1 15	10
2	1 01 08	14 58 33	5 27	1 13	1 15	10
3	1 01 08	14 45 06	6 03	1 18	1 15	11
4	1 01 08	14 26 12	6 14	1 21	1 15	12
5	1 01 08	14 04 14	6 03	1 21	1 15	13
6	1 01 09	13 41 23	5 35	1 18	1 15	14
7	1 01 09	13 19 21	4 53	1 13	1 15	14
8	1 01 09	12 59 17	3 59	1 07	1 15	15
9	1 01 09	12 41 45	2 54	0 58	1 15	16
10	1 01 09	12 26 59	1 43	0 49	1 15	17
11	1 01 09	12 14 51	0 27	0 40	1 15	17
12	1 01 09	12 05 11	0 48	0 30	1 15	18
13	1 01 09	11 57 44	1 57	0 20	1 15	19
14	1 01 08	11 52 19	2 56	0 11	1 15	19
15	1 01 08	11 48 55	3 45	0 02	1 15	20
16	1 01 07	11 47 37	4 22	0 07	1 15	20
17	1 01 07	11 48 38	4 49	0 14	1 15	21
18	1 01 06	11 52 19	5 05	0 21	1 15	22
19	1 01 05	11 59 07	5 12	0 28	1 15	22
20	1 01 05	12 09 26	5 09	0 33	1 15	22
21	1 01 04	12 23 36	4 56	0 39	1 15	23
22	1 01 03	12 41 45	4 30	0 44	1 15	23
23	1 01 02	13 03 43	3 48	0 48	1 15	23
24	1 01 01	13 28 50	2 47	0 52	1 15	24
25	1 01 00	13 55 47	1 25	0 55	1 15	24
26	1 00 59	14 22 35	0 13	0 58	1 15	24
27	1 00 58	14 46 36	2 00	1 01	1 15	24
28	1 00 57	15 04 56	3 41	1 04	1 15	24
29	1 00 55	15 14 56	5 03	1 06	1 15	24
30	1 00 54	15 14 56	5 58	1 09	1 15	24
31	1 00 53	15 04 48	6 24	1 11	1 15	24

FEBRUARY

D	☉	☽	☽Dec.	☿	♀	♂
1	1 00 52	14 45 58	6 23	1 12	1 15	24
2	1 00 52	14 21 04	5 59	1 14	1 15	24
3	1 00 51	13 53 12	5 17	1 16	1 15	23
4	1 00 50	13 25 13	4 21	1 17	1 15	23
5	1 00 49	12 59 20	3 15	1 19	1 15	23
6	1 00 48	12 37 00	2 02	1 20	1 15	22
7	1 00 47	12 18 55	0 46	1 21	1 15	22
8	1 00 46	12 05 14	0 29	1 22	1 15	22
9	1 00 45	11 55 44	1 39	1 24	1 15	21
10	1 00 44	11 49 59	2 41	1 25	1 15	21
11	1 00 43	11 47 26	3 32	1 26	1 15	20
12	1 00 42	11 47 31	4 13	1 27	1 15	20
13	1 00 40	11 49 47	4 42	1 28	1 15	19
14	1 00 39	11 53 52	5 02	1 29	1 15	18
15	1 00 37	11 59 38	5 11	1 30	1 15	18
16	1 00 36	12 07 07	5 10	1 31	1 15	17
17	1 00 34	12 16 31	4 58	1 32	1 15	16
18	1 00 33	12 28 10	4 34	1 32	1 15	16
19	1 00 31	12 42 28	3 56	1 33	1 15	15
20	1 00 29	12 59 39	3 02	1 34	1 15	14
21	1 00 27	13 19 46	1 50	1 35	1 15	13
22	1 00 25	13 42 21	0 23	1 36	1 15	13
23	1 00 23	14 06 23	1 14	1 37	1 15	12
24	1 00 21	14 30 01	2 52	1 38	1 15	11
25	1 00 20	14 50 45	4 21	1 39	1 15	10
26	1 00 18	15 05 37	5 30	1 40	1 15	9
27	1 00 16	15 11 59	6 14	1 41	1 15	9
28	1 00 14	15 08 11	6 30	1 42	1 15	8

MARCH

D	☉	☽	☽Dec.	☿	♀	♂
1	1 00 12	14 54 16	6 20	1 43	1 15	7
2	1 00 10	14 31 59	5 46	1 44	1 15	6
3	1 00 09	14 04 18	4 53	1 45	1 15	5
4	1 00 07	13 34 35	3 46	1 46	1 15	5
5	1 00 06	13 05 48	2 30	1 47	1 15	4
6	1 00 04	12 40 13	1 10	1 48	1 15	3
7	1 00 03	12 19 12	0 08	1 50	1 15	2
8	1 00 01	12 03 25	1 21	1 51	1 15	2
9	0 59 59	11 52 55	2 24	1 52	1 15	1
10	0 59 58	11 47 24	3 18	1 53	1 15	0
11	0 59 56	11 46 18	4 01	1 54	1 15	1
12	0 59 54	11 48 43	4 33	1 55	1 15	1
13	0 59 52	11 54 19	4 56	1 56	1 15	2
14	0 59 50	12 01 50	5 09	1 57	1 15	3
15	0 59 48	12 10 42	5 11	1 58	1 14	3
16	0 59 46	12 20 25	5 02	1 59	1 14	4
17	0 59 44	12 30 42	4 41	1 59	1 14	4
18	0 59 42	12 41 33	4 05	2 00	1 14	5
19	0 59 40	12 53 14	3 13	2 00	1 14	6
20	0 59 38	13 06 08	2 06	2 00	1 14	7
21	0 59 36	13 20 37	0 45	2 00	1 14	7
22	0 59 34	13 36 53	0 45	2 00	1 14	8
23	0 59 31	13 54 37	2 17	1 59	1 14	9
24	0 59 29	14 12 57	3 42	1 59	1 14	9
25	0 59 27	14 30 14	4 54	1 57	1 14	10
26	0 59 24	14 44 13	5 46	1 56	1 14	10
27	0 59 22	14 52 25	6 15	1 54	1 14	11
28	0 59 20	14 52 45	6 20	1 51	1 14	11
29	0 59 18	14 44 15	6 01	1 48	1 14	12
30	0 59 15	14 27 25	5 19	1 45	1 14	13
31	0 59 14	14 04 13	4 19	1 42	1 14	13

APRIL

D	☉	☽	☽Dec.	☿	♀	♂
1	0 59 12	13 37 26	3 04	1 38	1 14	14
2	0 59 10	13 10 00	1 41	1 33	1 14	14
3	0 59 08	12 44 29	0 18	1 28	1 14	14
4	0 59 06	12 22 43	0 59	1 23	1 14	15
5	0 59 05	12 05 53	2 07	1 18	1 14	15
6	0 59 03	11 54 30	3 03	1 13	1 14	16
7	0 59 01	11 48 38	3 48	1 07	1 14	16
8	0 58 59	11 47 59	4 23	1 01	1 14	17
9	0 58 57	11 51 56	4 48	0 55	1 14	17
10	0 58 56	11 59 42	5 04	0 49	1 14	18
11	0 58 54	12 10 18	5 10	0 42	1 14	18
12	0 58 52	12 22 41	5 05	0 36	1 14	18
13	0 58 50	12 35 50	4 48	0 30	1 14	19
14	0 58 48	12 48 54	4 16	0 23	1 13	19
15	0 58 46	13 01 16	3 28	0 17	1 13	20
16	0 58 44	13 12 44	2 23	0 10	1 13	20
17	0 58 42	13 23 26	1 03	0 04	1 13	20
18	0 58 40	13 33 42	0 26	0 02	1 13	21
19	0 58 38	13 43 59	1 56	0 08	1 13	21
20	0 58 35	13 54 29	3 19	0 13	1 13	21
21	0 58 33	14 05 02	4 29	0 19	1 13	22
22	0 58 31	14 14 55	5 21	0 23	1 13	22
23	0 58 29	14 22 55	5 54	0 28	1 13	22
24	0 58 26	14 27 25	6 07	0 31	1 13	23
25	0 58 24	14 26 55	5 59	0 34	1 13	23
26	0 58 22	14 20 24	5 30	0 37	1 13	23
27	0 58 20	14 07 45	4 40	0 38	1 13	23
28	0 58 19	13 49 50	3 33	0 39	1 13	24
29	0 58 17	13 28 24	2 13	0 40	1 13	24
30	0 58 15	13 05 31	0 49	0 39	1 13	24

MAY / JUNE

		MAY							JUNE				
D	☉	☽	☽Dec.	☿	♀	♂	D	☉	☽	☽Dec.	☿	♀	♂
1	0 58 14	12 43 20	0 33	0 38	1 13	24	1	0 57 30	11 56 51	4 03	1 17	1 11	30
2	0 58 12	12 23 39	1 46	0 36	1 13	25	2	0 57 29	11 51 45	4 32	1 20	1 11	31
3	0 58 11	12 07 49	2 47	0 34	1 13	25	3	0 57 28	11 51 21	4 51	1 23	1 11	31
4	0 58 09	11 56 44	3 36	0 31	1 13	25	4	0 57 27	11 55 49	5 01	1 25	1 11	31
5	0 58 08	11 50 50	4 13	0 28	1 13	25	5	0 57 26	12 05 04	5 03	1 28	1 11	31
6	0 58 06	11 50 14	4 40	0 24	1 13	26	6	0 57 26	12 18 43	4 55	1 31	1 11	31
7	0 58 05	11 54 42	4 57	0 20	1 12	26	7	0 57 25	12 36 02	4 35	1 33	1 11	31
8	0 58 03	12 03 43	5 06	0 16	1 12	26	8	0 57 25	12 56 00	4 00	1 36	1 11	31
9	0 58 02	12 16 30	5 05	0 11	1 12	26	9	0 57 24	13 17 11	3 08	1 39	1 11	32
10	0 58 00	12 31 59	4 53	0 07	1 12	27	10	0 57 23	13 38 01	1 56	1 41	1 11	32
11	0 57 59	12 48 57	4 27	0 02	1 12	27	11	0 57 23	13 56 47	0 28	1 44	1 10	32
12	0 57 58	13 06 04	3 45	0 03	1 12	27	12	0 57 22	14 12 02	1 09	1 47	1 10	32
13	0 57 56	13 22 07	2 44	0 07	1 12	27	13	0 57 21	14 22 41	2 43	1 49	1 10	32
14	0 57 55	13 36 09	1 26	0 12	1 12	27	14	0 57 21	14 28 16	4 04	1 52	1 10	32
15	0 57 53	13 47 37	0 04	0 16	1 12	28	15	0 57 20	14 28 52	5 05	1 54	1 10	32
16	0 57 52	13 56 23	1 37	0 21	1 12	28	16	0 57 19	14 25 05	5 43	1 57	1 10	32
17	0 57 50	14 02 43	3 04	0 25	1 12	28	17	0 57 18	14 17 46	5 59	1 59	1 10	33
18	0 57 48	14 07 00	4 16	0 29	1 12	28	18	0 57 17	14 07 51	5 55	2 01	1 10	33
19	0 57 47	14 09 35	5 09	0 33	1 12	28	19	0 57 16	13 56 08	5 33	2 03	1 10	33
20	0 57 45	14 10 36	5 43	0 37	1 12	29	20	0 57 15	13 43 17	4 55	2 05	1 10	33
21	0 57 43	14 09 53	5 57	0 41	1 12	29	21	0 57 15	13 29 43	4 01	2 07	1 10	33
22	0 57 42	14 07 00	5 53	0 45	1 12	29	22	0 57 14	13 15 47	2 55	2 08	1 09	33
23	0 57 40	14 01 26	5 30	0 49	1 12	29	23	0 57 14	13 01 42	1 38	2 09	1 09	33
24	0 57 38	13 52 47	4 49	0 52	1 12	29	24	0 57 13	12 47 46	0 18	2 10	1 09	33
25	0 57 37	13 40 58	3 50	0 55	1 12	29	25	0 57 13	12 34 18	1 00	2 11	1 09	33
26	0 57 36	13 26 20	2 38	0 59	1 11	30	26	0 57 12	12 21 43	2 10	2 11	1 09	34
27	0 57 35	13 09 41	1 17	1 02	1 11	30	27	0 57 12	12 10 32	3 08	2 11	1 09	34
28	0 57 33	12 52 06	0 06	1 05	1 11	30	28	0 57 12	12 01 20	3 53	2 11	1 09	34
29	0 57 32	12 34 51	1 23	1 08	1 11	30	29	0 57 12	11 54 41	4 25	2 11	1 09	34
30	0 57 31	12 19 12	2 30	1 11	1 11	30	30	0 57 12	11 51 11	4 46	2 10	1 09	34
31	0 57 30	12 06 13	3 23	1 14	1 11	30							

JULY / AUGUST

		JULY							AUGUST				
D	☉	☽	☽Dec.	☿	♀	♂	D	☉	☽	☽Dec.	☿	♀	♂
1	0 57 12	11 51 21	4 58	2 09	1 09	34	1	0 57 24	12 15 34	4 15	1 11	1 03	37
2	0 57 12	11 55 38	5 01	2 08	1 08	34	2	0 57 25	12 31 23	3 38	1 09	1 03	37
3	0 57 12	12 04 19	4 55	2 07	1 08	34	3	0 57 26	12 51 19	2 45	1 06	1 03	37
4	0 57 12	12 17 27	4 38	2 05	1 08	34	4	0 57 27	13 14 56	1 35	1 04	1 03	37
5	0 57 13	12 34 51	4 10	2 04	1 08	34	5	0 57 29	13 41 10	0 10	1 01	1 02	37
6	0 57 13	12 55 56	3 26	2 02	1 08	35	6	0 57 30	14 08 17	1 24	0 58	1 02	37
7	0 57 13	13 19 39	2 24	2 00	1 08	35	7	0 57 31	14 33 50	3 00	0 56	1 02	37
8	0 57 14	13 44 28	1 04	1 58	1 08	35	8	0 57 32	14 54 52	4 24	0 53	1 02	37
9	0 57 14	14 08 05	0 30	1 57	1 08	35	9	0 57 33	15 08 29	5 29	0 49	1 01	37
10	0 57 14	14 29 13	2 08	1 55	1 07	35	10	0 57 34	15 12 32	6 08	0 46	1 01	37
11	0 57 14	14 44 40	3 40	1 53	1 07	35	11	0 57 35	15 06 22	6 20	0 43	1 01	38
12	0 57 15	14 53 04	4 54	1 51	1 07	35	12	0 57 36	14 50 58	6 07	0 39	1 00	38
13	0 57 15	14 53 37	5 43	1 49	1 07	35	13	0 57 37	14 28 47	5 32	0 35	1 00	38
14	0 57 15	14 46 36	6 07	1 47	1 07	35	14	0 57 38	14 02 51	4 39	0 31	1 00	38
15	0 57 15	14 33 17	6 07	1 45	1 07	35	15	0 57 39	13 36 09	3 32	0 27	0 59	38
16	0 57 15	14 15 35	5 47	1 43	1 07	35	16	0 57 40	13 11 00	2 16	0 22	0 59	38
17	0 57 15	13 55 34	5 09	1 41	1 06	36	17	0 57 41	12 48 54	0 57	0 17	0 59	38
18	0 57 15	13 35 05	4 15	1 39	1 06	36	18	0 57 42	12 30 38	0 22	0 12	0 58	38
19	0 57 15	13 15 32	3 10	1 38	1 06	36	19	0 57 44	12 16 20	1 33	0 07	0 58	38
20	0 57 16	12 57 44	1 56	1 36	1 06	36	20	0 57 45	12 05 46	2 36	0 02	0 57	38
21	0 57 16	12 42 08	0 37	1 34	1 06	36	21	0 57 46	11 58 28	3 27	0 04	0 57	38
22	0 57 16	12 28 47	0 40	1 32	1 06	36	22	0 57 47	11 53 55	4 06	0 10	0 57	38
23	0 57 17	12 17 36	1 51	1 30	1 05	36	23	0 57 48	11 51 35	4 34	0 15	0 56	38
24	0 57 17	12 08 25	2 52	1 28	1 05	36	24	0 57 50	11 51 07	4 51	0 21	0 56	38
25	0 57 18	12 01 05	3 40	1 26	1 05	36	25	0 57 51	11 52 18	4 58	0 27	0 55	39
26	0 57 18	11 55 35	4 17	1 24	1 05	36	26	0 57 53	11 55 10	4 56	0 33	0 55	39
27	0 57 19	11 52 02	4 41	1 22	1 05	36	27	0 57 54	11 59 57	4 43	0 38	0 54	39
28	0 57 20	11 50 41	4 55	1 20	1 04	36	28	0 57 56	12 07 04	4 20	0 43	0 53	39
29	0 57 21	11 51 55	4 59	1 18	1 04	37	29	0 57 58	12 17 02	3 45	0 48	0 53	39
30	0 57 22	11 56 10	4 55	1 16	1 04	37	30	0 58 00	12 30 21	2 57	0 52	0 52	39
31	0 57 23	12 03 55	4 40	1 13	1 04	37	31	0 58 02	12 47 26	1 55	0 54	0 52	39

SEPTEMBER

D	☉ (° ′ ″)	☽ (° ′ ″)	☽Dec. (° ′)	☿ (° ′)	♀ (° ′)	♂ (′)
1	0 58 04	13 08 20	0 40	0 56	0 51	39
2	0 58 06	13 32 40	0 46	0 57	0 50	39
3	0 58 08	13 59 15	2 17	0 57	0 50	39
4	0 58 10	14 26 04	3 43	0 55	0 49	39
5	0 58 11	14 50 15	4 56	0 53	0 48	39
6	0 58 13	15 08 23	5 49	0 49	0 48	39
7	0 58 15	15 17 22	6 18	0 43	0 47	40
8	0 58 17	15 15 18	6 20	0 37	0 46	40
9	0 58 19	15 02 14	5 56	0 30	0 45	40
10	0 58 20	14 40 11	5 08	0 22	0 44	40
11	0 58 22	14 12 27	4 03	0 13	0 43	40
12	0 58 24	13 42 40	2 45	0 04	0 42	40
13	0 58 25	13 13 54	1 21	0 05	0 41	40
14	0 58 27	12 48 23	0 00	0 14	0 40	40
15	0 58 28	12 27 21	1 16	0 23	0 39	40
16	0 58 30	12 11 18	2 20	0 33	0 38	40
17	0 58 32	12 00 08	3 13	0 41	0 37	40
18	0 58 33	11 53 25	3 55	0 50	0 36	40
19	0 58 35	11 50 28	4 25	0 57	0 34	40
20	0 58 37	11 50 32	4 45	1 05	0 33	40
21	0 58 38	11 52 53	4 55	1 11	0 32	40
22	0 58 40	11 56 55	4 56	1 17	0 30	41
23	0 58 42	12 02 12	4 46	1 23	0 29	41
24	0 58 44	12 08 34	4 26	1 28	0 27	41
25	0 58 46	12 16 07	3 53	1 32	0 26	41
26	0 58 48	12 25 13	3 08	1 35	0 24	41
27	0 58 51	12 36 20	2 09	1 38	0 22	41
28	0 58 53	12 50 03	0 58	1 41	0 20	41
29	0 58 55	13 06 46	0 22	1 43	0 19	41
30	0 58 58	13 26 31	1 46	1 44	0 17	41

OCTOBER

D	☉ (° ′ ″)	☽ (° ′ ″)	☽Dec. (° ′)	☿ (° ′)	♀ (° ′)	♂ (′)
1	0 59 00	13 48 48	3 07	1 45	0 15	41
2	0 59 02	14 12 19	4 20	1 46	0 13	41
3	0 59 04	14 34 51	5 18	1 47	0 11	41
4	0 59 07	14 53 29	5 57	1 47	0 09	41
5	0 59 09	15 05 07	6 14	1 47	0 06	41
6	0 59 11	15 07 17	6 05	1 47	0 04	42
7	0 59 13	14 58 59	5 32	1 47	0 02	42
8	0 59 15	14 41 11	4 35	1 47	0 00	42
9	0 59 17	14 16 22	3 20	1 46	0 03	42
10	0 59 19	13 47 53	1 55	1 46	0 05	42
11	0 59 21	13 19 01	0 28	1 45	0 08	42
12	0 59 23	12 52 23	0 54	1 45	0 10	42
13	0 59 25	12 29 47	2 04	1 44	0 12	42
14	0 59 26	12 12 10	3 00	1 43	0 15	42
15	0 59 28	11 59 51	3 44	1 43	0 17	42
16	0 59 30	11 52 42	4 16	1 42	0 20	42
17	0 59 31	11 50 13	4 38	1 41	0 22	42
18	0 59 33	11 51 43	4 51	1 41	0 24	42
19	0 59 35	11 56 22	4 54	1 40	0 26	42
20	0 59 37	12 03 20	4 48	1 40	0 28	42
21	0 59 39	12 11 48	4 31	1 39	0 30	43
22	0 59 41	12 21 07	4 02	1 38	0 31	43
23	0 59 43	12 30 55	3 20	1 38	0 33	43
24	0 59 45	12 41 02	2 23	1 37	0 34	43
25	0 59 47	12 51 38	1 14	1 37	0 35	43
26	0 59 49	13 03 04	0 05	1 36	0 36	43
27	0 59 51	13 15 46	1 27	1 35	0 36	43
28	0 59 53	13 29 58	2 45	1 35	0 37	43
29	0 59 56	13 45 37	3 55	1 34	0 37	43
30	0 59 58	14 02 06	4 52	1 34	0 36	43
31	1 00 00	14 18 10	5 33	1 34	0 36	43

NOVEMBER

D	☉ (° ′ ″)	☽ (° ′ ″)	☽Dec. (° ′)	☿ (° ′)	♀ (° ′)	♂ (′)
1	1 00 02	14 31 56	5 56	1 33	0 35	43
2	1 00 04	14 41 14	5 33	1 33	0 34	43
3	1 00 06	14 44 04	5 38	1 32	0 33	43
4	1 00 08	14 39 12	4 55	1 32	0 32	43
5	1 00 10	14 26 38	3 51	1 31	0 30	43
6	1 00 12	14 07 37	2 31	1 31	0 29	44
7	1 00 14	13 44 20	1 02	1 31	0 27	44
8	1 00 16	13 19 18	0 25	1 30	0 25	44
9	1 00 17	12 54 56	1 42	1 30	0 23	44
10	1 00 19	12 33 10	2 45	1 29	0 20	44
11	1 00 20	12 15 22	3 34	1 29	0 18	44
12	1 00 21	12 02 18	4 09	1 28	0 16	44
13	1 00 23	11 54 20	4 32	1 28	0 13	44
14	1 00 24	11 51 25	4 46	1 28	0 11	44
15	1 00 26	11 53 12	4 52	1 27	0 08	44
16	1 00 27	11 59 09	4 49	1 26	0 06	44
17	1 00 28	12 08 29	4 36	1 26	0 03	44
18	1 00 30	12 20 18	4 11	1 25	0 01	44
19	1 00 31	12 33 38	3 34	1 24	0 01	44
20	1 00 33	12 47 35	2 41	1 23	0 04	44
21	1 00 34	13 01 20	1 34	1 23	0 06	44
22	1 00 36	13 14 19	0 15	1 21	0 09	45
23	1 00 37	13 26 14	1 09	1 20	0 11	45
24	1 00 39	13 37 02	2 31	1 19	0 13	45
25	1 00 40	13 46 48	3 42	1 17	0 15	45
26	1 00 42	13 55 38	4 40	1 16	0 17	45
27	1 00 43	14 03 30	5 20	1 13	0 19	45
28	1 00 45	14 10 05	5 43	1 11	0 21	45
29	1 00 46	14 14 48	5 48	1 08	0 23	45
30	1 00 48	14 16 51	5 34	1 05	0 25	45

DECEMBER

D	☉ (° ′ ″)	☽ (° ′ ″)	☽Dec. (° ′)	☿ (° ′)	♀ (° ′)	♂ (′)
1	1 00 49	14 15 22	5 01	1 02	0 27	45
2	1 00 51	14 09 44	4 08	0 58	0 28	45
3	1 00 52	13 59 44	2 57	0 53	0 30	45
4	1 00 54	13 45 45	1 35	0 48	0 32	45
5	1 00 55	13 28 39	0 08	0 42	0 33	45
6	1 00 56	13 09 45	1 15	0 35	0 35	45
7	1 00 57	12 50 29	2 25	0 28	0 36	45
8	1 00 57	12 32 19	3 21	0 19	0 37	45
9	1 00 58	12 16 32	4 01	0 10	0 39	45
10	1 00 59	12 04 09	4 28	0 00	0 40	45
11	1 00 59	11 55 53	4 44	0 11	0 41	46
12	1 01 00	11 52 14	4 51	0 22	0 42	46
13	1 01 01	11 53 23	4 49	0 34	0 43	46
14	1 01 01	11 59 15	4 38	0 45	0 44	46
15	1 01 02	12 09 31	4 18	0 56	0 45	46
16	1 01 02	12 23 37	3 47	1 05	0 46	46
17	1 01 03	12 40 40	3 01	1 13	0 47	46
18	1 01 03	12 59 31	1 59	1 19	0 48	46
19	1 01 04	13 18 53	0 44	1 22	0 49	46
20	1 01 04	13 37 18	0 42	1 23	0 50	46
21	1 01 05	13 53 27	2 09	1 20	0 51	46
22	1 01 05	14 06 12	3 28	1 15	0 52	46
23	1 01 06	14 14 51	4 33	1 08	0 52	46
24	1 01 06	14 19 32	5 19	1 00	0 53	46
25	1 01 07	14 19 30	5 44	0 50	0 54	46
26	1 01 07	14 16 18	5 49	0 39	0 54	46
27	1 01 08	14 10 20	5 28	0 28	0 55	46
28	1 01 09	14 02 20	5 05	0 18	0 56	46
29	1 01 09	13 52 49	4 17	0 08	0 56	46
30	1 01 10	13 42 11	3 13	0 02	0 57	46
31	1 01 10	13 30 36	1 58	0 11	0 57	46

JANUARY

1	03 53	☽#☉	G
Fr	04 53	☿⚻♂	
	08 35	☽☍☿	B
	08 48	☽⊻♂	g
	09 14	☿⊥♆	
	15 26	☉Q♅	
	15 43	☽△♅	G
	21 18	☽#☿	G
2	02 41	☽♌	
Sa	02 42	☉∠♃	
	05 13	☽∥♂	B
	08 04	☽#♇	D
	09 50	♀∠♆	
	09 55	☽✱♄	G
	15 39	☽⚼♅	b
	23 51	☉±♂	
3	05 07	☽#♆	D
Su	06 10	☽#♃	G
	08 05	☽⚼♇	b
	08 08	☽☌♂	B
	09 57	☽∠♄	b
	10 57	♂⚼♇	
	15 07	♀Q♅	
	18 12	☽☍♆	B
	21 08	☽⚼♀	b
	21 55	☽☍♃	B
4	00 29	☽⚼☉	b
Mo	02 52	☽♍	
	03 13	☽⚼☿	b
	07 55	♀∠♃	
	08 29	☽△♇	G
	10 21	☽⊻♄	g
	11 01	♀±♂	
	19 06	☉☌☿	
	22 06	☽#♅	B
5	00 05	☽△♀	G
Tu	01 50	☽△☿	G
	03 01	☽△☉	G
	08 39	☽⊻♂	g
	10 00	☽∥♄	B
	10 39	☿☌♀	
	12 17	☽#♄	B
	17 25	☽☍♅	B
6	00 20	☽∥♅	B
We	04 48	☿∠♃	
	04 58	☽♎	
	09 46	☽∠♂	b
	11 00	☽□♇	B
	12 54	☽☌♄	B
	18 04	☿±♂	
	21 52	☽⚼♆	b
7	00 40	☽□☿	B
Th	02 29	☿Q♅	
	02 53	☽⚼♃	b
	08 35	☽□♀	B
	10 39	☽□☉	B
	11 34	☽✱♂	G
	17 52	☽∥♃	G
	20 22	☽∥♆	D
	20 39	☉⚻♂	
8	00 34	☽△♆	G
Fr	06 07	☽△♃	G
	07 29	☿∠♆	
	10 00	☽♏	
	10 27	♂±♅	
	11 56	♀⚻♂	
	16 33	☽✱♇	G
	18 28	☽⊻♄	g
	20 43	☽∥♇	D
9	01 16	☽⚼♅	b
Sa	02 26	☽✱☿	G
	04 31	☽#♂	B
	05 27	☉⊥♆	
	06 11	☽∥☿	G
	17 24	☽□♂	B
	17 52	♀⊥♆	
	20 32	☽∠♇	b
	21 18	☽✱♀	G
	21 36	☽∥☉	G
	22 16	☽✱☉	G
	22 26	☽∠♄	b
10	04 06	☽∥♀	G
Su	04 38	☽∠☿	b
	05 29	☽△♅	G
	08 22	☽□♆	B
	15 02	☽□♃	B
	18 10	☽♐	
11	01 13	☽⊻♇	g
Mo	03 07	☽✱♄	G
	05 09	☽∠♀	b
	05 29	☽∠☉	b
	07 43	☽⊻☿	g
	21 06	☉☌♀	
	22 31	♃±♄	
12	01 48	☽△♂	G
Tu	13 30	☽⊻☉	g
	13 51	☽⊻♀	g
	15 52	☽□♅	B
	18 52	☽✱♆	G
	22 26	♀⊥♃	
13	02 43	☽✱♃	G
We	04 54	☽♑	
	05 59	☉⊥♃	
	06 45	☽⚼♂	b
	09 48	♀✱♅	
	12 23	☽☌P	D
	14 11	☽□♄	B
	15 56	♄ Stat	
	16 35	☽☌☿	G
	18 42	☉✱♅	
14	00 52	☽∠♆	b
Th	09 18	☽∠♃	b
	14 42	☿#♂	
	15 25	♀⊻♆	
	21 41	☽∥♀	G
15	04 09	☽✱♅	G
Fr	04 19	☽∥☉	G
	07 11	☽ • ●	D
	07 13	☽⊻♆	g
	07 29	☉⊻♆	
	09 02	☽☌♀	G
	10 18	☽#♂	B
	10 20	☽∥☿	G
	16 12	☽⊻♃	g
	16 53	☿ Stat	
	17 17	☽♒	
16	00 09	☽∥♇	D
Sa	01 05	☽⊻♇	g
	02 43	☽△♄	G
	04 36	☽⊻☿	g
	10 41	☽∠♅	b
	23 13	☽☍♂	B
17	01 50	☿#♂	
Su	03 45	☽∥♆	D
	07 41	☽∠♇	b
	09 13	☽⚼♄	b
	09 54	☽∥♃	G
	11 31	☽∠☿	b
	17 19	☽⊻♅	g
	18 26	☉∥☿	
	18 52	☉#♂	
	20 22	☽☌♆	D
18	01 56	☽⊻☉	g
Mo	02 10	♃♓	
	05 18	☽⊻♀	g
	06 17	☽♓	
	06 22	☽☌♃	G
	14 15	☽✱♇	G
	14 35	♀♒	
	17 15	♀⊻♃	
	18 48	☽✱☿	G
19	06 55	☽∥♅	B
Tu	11 09	☽∠☉	b
	14 36	☿∥♀	
	15 13	☽∠♀	b
	16 11	♀#♂	
	20 06	☽#♄	B
	23 19	☽∥♄	B
20	04 28	☉♒	
We	06 06	☽☌♅	B
	09 05	☽⊻♆	g
	12 19	☽#♅	B
	15 25	☽⚼♂	b
	18 36	☽♈	
	18 38	☉⊻♃	
	19 49	☽⊻♃	g
	19 54	☽✱☉	G
	23 36	☿±♂	
21	00 37	☽✱♀	G
Th	02 32	☽□♇	B
	03 42	☽☍♄	B
	09 26	☽□☿	B
	14 47	☽∠♆	b
	19 36	♀⊻♇	
	20 02	☽△♂	G
22	01 44	☽∠♃	b
Fr	06 07	♀△♄	
	06 09	☽#♃	G
	13 35	☽#♆	D
	16 56	☽⊻♅	g
	19 46	☽✱♆	G
23	04 39	☽♉	
Sa	06 51	☽✱♃	G
	10 53	☽□☉	B
	12 19	☽△♇	G
	15 39	☽#♇	D
	16 36	☽□♀	B
	21 09	☽∠♅	b
	21 43	☽#☉	G
	22 07	☽△☿	G
24	00 14	☽#♀	G
Su	03 03	☽□♂	B
	05 29	☉⊻P	
	12 21	☽∥♂	B
	12 30	☽#☿	G
	15 37	☉△♄	
	15 52	☽⚼♇	b
	16 37	☽⚼♄	b
25	00 25	☽✱♅	G
Mo	01 52	☿∠♆	
	03 03	☽□♆	B
	03 07	☽⚼☿	b
	09 03	☿#♂	
	11 11	☽♊	
	14 09	☽□♃	B
	17 11	♀∠♅	
	19 04	☽△♄	G
	21 17	☽△☉	G
26	01 40	☿⚻♂	
Tu	03 38	☽△♀	G
	06 35	☽✱♂	G
	17 15	♀⊥♇	
	18 35	☿Q♅	
27	00 44	☽⚼☉	b
We	04 07	☽□♅	B
	05 29	♀☍♂	
	06 32	☽△♆	G
	07 07	☽∠♂	b
	07 19	☽⚼♀	b
	14 01	☽♋	
	17 36	☽△♃	G
	20 56	☽☍♇	B
	21 20	☽□♄	B
	22 50	☉∥♇	
28	06 57	☽⊻♂	g
Th	07 06	☽⚼♆	b
	11 43	♀∥♇	
	12 21	☽☍☿	B
	16 13	♂±♇	
	18 13	☽⚼♃	b
	22 19	☽∥♂	B
	23 25	☽#☿	G
29	02 48	☉∠♅	
Fr	04 49	☽△♅	G
	14 10	☽♌	
	19 34	☽#♇	D
	19 43	☉☍♂	
	21 08	☽✱♄	G
	21 56	☽#♀	G
	22 07	☽#☉	G
30	04 32	☽⚼♅	b
Sa	05 20	☽☌♂	B
	06 18	☽☍☉	B
	07 46	☉⊥♇	
	09 01	☉∥♀	
	13 49	☽☍♀	B
	17 32	☽#♆	D
	20 33	☽⚼♇	b
	20 39	☽∠♄	b
31	02 05	☽#♃	G
Su	06 27	☽☍♆	B
	08 41	♂⚼♅	
	13 23	☽♍	
	17 08	☽⚼☿	b
	18 19	☽☍♃	B
	20 17	☽△♇	G
	20 17	☽⊻♄	g
	21 27	♄□♇	

FEBRUARY

1	03 28	☽⊻♂	g
Mo	09 38	☽∥♅	B
	11 29	☿∠♃	
	18 43	☽∥♄	B
	19 12	☽△☿	G
	22 35	☽#♄	B
2	03 00	☽∠♂	b
Tu	03 31	♀⊥♅	
	04 17	☽☍♅	B
	07 44	☽∥♅	B
	11 13	☽⚼☉	b
	13 42	☽♎	
	15 03	☿⊥♆	
	20 35	☽⚼♀	b
	20 48	☽☌♄	B
	21 01	☽□♇	B
	23 04	♀⚼♄	
3	01 39	♀∠♇	
We	03 09	☽✱♂	G
	07 35	☽⚼♆	b
	14 14	☽△☉	G
	15 56	☽∥♃	G
	21 28	☽⚼♃	b
4	00 30	☽△♀	G
Th	02 05	☽□☿	B
	02 26	☽∥♆	D
	09 27	☽△♆	G
	13 49	☽∥♀	G
	15 55	☽∥☉	G
	16 55	☽♏	
5	00 15	☽△♃	G
Fr	00 25	☽⊻♄	g
	00 54	☽✱♇	G
	03 33	☽∥♇	D
	05 55	☽□♂	B
	08 14	♃⚻♄	
	09 48	☽⚼♅	b
	23 48	☽□☉	B
6	01 38	☽∥☿	G
Sa	03 41	☽∠♄	b
	04 20	☽∠♇	b
	08 02	☿✱♅	
	11 48	☽#♂	B
	12 13	☽□♀	B
	13 36	☽△♅	G
	14 14	☽✱☿	G
	16 11	☽□♆	B
	17 51	♃✱♇	
7	00 04	☽♐	
Su	02 50	♀⊻♅	
	07 55	☽✱♄	G
	08 45	☽⊻♇	g
	09 00	☽□♃	B
	09 18	☿⊻♆	
	09 59	☉⊥♅	
	12 21	☽△♂	G
	22 25	☽∠☿	b
	23 33	☉⚼♄	
8	05 44	♀☌♆	
Mo	11 07	☉∠♇	
	14 17	☽✱☉	G
	16 49	☽⚼♂	b
	23 57	☽□♅	B
9	02 37	☽✱♆	G
Tu	04 58	☽✱♀	G
	07 47	☽⊻☿	g
	10 43	☽♑	
	18 45	☽□♄	B
	19 58	☽☌♇	D
	20 31	☿⊥♃	
	21 18	☽✱♃	G
	21 51	♀±♄	
	22 56	☽∠☉	b
10	08 48	☽∠♆	b
We	09 06	☿♒	
	09 24	♂⚻♃	
	12 38	♀∥♆	
	14 39	☽∠♀	b
	15 39	☽#♂	B
11	04 14	☽∠♃	b
Th	08 06	☽⊻☉	g
	12 10	♀♓	
	12 38	☽∥☿	G

	12 39	☽✱♅	G
	15 19	☽⊻Ψ	g
	23 24	☽♒	
12 Fr	00 44	☽⊻♀	g
	04 39	☽☌☿	G
	06 26	☽∥♇	D
	07 18	☽△♄	G
	08 55	☽⊻♇	g
	09 01	☽☍♂	B
	11 23	☽⊻♃	g
	12 00	♂⚻♇	
	19 19	☽∠♅	b
13 Sa	01 34	☿△♄	
	10 25	☿☍♂	
	11 19	☽∥☉	G
	11 49	☽∥Ψ	D
	13 42	☽⚼♄	b
	15 31	☽∠♇	b
	15 38	☉⊻♅	
	15 51	☿⊻♇	
	18 13	☉∥Ψ	
	19 13	☽∥♀	G
14 Su	01 56	☽⊻♅	g
	02 51	☽☌☉	D
	04 07	☽∥♃	G
	04 33	☽☌Ψ	D
	12 23	☽♓	
	12 24	♀⚻♄	
	16 39	♀⚻♂	
	20 13	☿⊻♃	
	20 54	☽☌♀	G
	21 58	☽✱♇	G
	23 19	☉☌Ψ	
15 Mo	01 32	☽☌♃	G
	02 10	☽⊻☿	g
	07 17	♀✱♇	
	15 20	♂✱♄	
	15 33	☽∥♅	B
16 Tu	00 10	☽#♄	B
	01 47	☽⚼♂	b
	07 47	☽∥♄	B
	11 04	☉±♄	
	12 32	☽∠☿	b
	14 32	☽☌♅	B
	16 14	☽#♅	B
	17 01	☽⊻Ψ	g
	20 41	☽⊻☉	g
17 We	00 30	☽♈	
	02 14	♀☌♃	
	05 00	☿∠♅	
	06 55	☽△♂	G
	07 39	☽☍♄	B
	10 00	☽□♇	B
	14 33	☽⊻♃	g
	15 41	☽⊻♀	g
	17 41	☿⊥♇	
	22 23	☽✱☿	G
	22 42	☽∠Ψ	b
18 Th	01 25	☽#♃	G
	02 00	☽#♀	G
	04 51	☽∠☉	b
	09 36	♀∥♃	
	10 37	☽#☉	G
	14 34	♀±♂	
	18 29	☽#Ψ	D
	18 36	☉♓	
	20 22	☽∠♃	b
19 Fr	00 10	☽∠♀	b
	01 33	☽⊻♅	g

	03 52	☽✱Ψ	G
	10 55	☽♉	
	12 20	☽✱☉	G
	15 55	☽□♂	B
	20 10	☽△♇	G
	22 40	☽#♇	D
	22 48	☽#☿	G
20 Sa	00 12	☿∥♇	
	01 33	☽✱♃	G
	06 11	☽∠♅	b
	07 49	☽✱♀	G
	15 53	☽□☿	B
	21 33	☽⚼♄	b
21 Su	00 18	☽⚼♇	b
	01 13	☉⚻♂	
	10 07	☽✱♅	G
	12 15	☽□Ψ	B
	15 55	☽∥♂	B
	18 47	☽♊	
	19 05	♂±♃	
	22 34	☽✱♂	G
22 Mo	00 42	☽□☉	B
	00 48	☽△♄	G
	01 56	☉⚻♄	
	09 39	☽□♃	B
	12 27	☿⚼♄	
	20 06	☽□♀	B
23 Tu	00 49	☽∠♂	b
	03 43	☿⊥♅	
	05 18	☽△☿	G
	12 55	☿∠♇	
	15 32	☽□♅	B
	16 31	☉✱♇	
	17 29	☽△Ψ	G
	23 29	☽♋	
24 We	02 18	☽⊻♂	g
	04 54	☽□♄	B
	07 53	☽☍♇	B
	09 02	☽△☉	G
	10 18	☽⚼☿	b
	14 20	☽△♃	G
	17 30	♀⚼♂	
	17 53	☽∥♂	B
	18 53	☽⚼Ψ	b
25 Th	01 55	♀Q♇	
	04 06	☽△♀	G
	09 53	☉∥♃	
	11 46	☽⚼☉	b
	15 30	☽⚼♃	b
	17 48	☽△♅	G
26 Fr	00 59	☉±♂	
	01 08	☽☊	
	03 14	☽☌♂	B
	06 04	☽✱♄	G
	06 34	☽#♇	D
	06 45	☽⚼♀	b
	18 01	☽⚼♅	b
	21 53	☽#☿	G
	22 19	☿⊻♅	
27 Sa	05 54	☽∠♄	b
	06 21	☽#Ψ	D
	09 07	☽⚼♇	b
	14 03	☿☌Ψ	
	18 39	☿±♄	
	19 35	☽☍Ψ	B
	20 15	☽☍☿	B
	23 10	☽#♃	G
28 Su	00 52	☽♍	
	02 08	☽#☉	G

	02 28	☽⊻♂	g
	05 30	☽⊻♄	g
	08 50	☽△♇	G
	10 44	☉☌♃	
	14 47	☽#♀	G
	16 20	☽☍♃	B
	16 38	☽☍☉	B
	23 16	☽#♅	B
MARCH			
1 Mo	01 58	☽∠♂	b
	03 42	☽∥♄	B
	12 29	☽#♄	B
	12 32	☽☍♀	B
	13 28	☿♓	
	16 52	☽∥♅	B
	17 36	☽☍♅	B
	22 59	☽∥♀	G
2 Tu	00 14	☿⚻♂	
	00 31	☽♎	
	01 45	☽✱♂	G
	05 01	☽☌♄	B
	08 22	☿∥Ψ	
	08 44	☽□♇	B
	11 04	☽∥☉	G
	16 42	☽∥♃	G
	17 58	♄±Ψ	
	19 38	☽⚼Ψ	b
3 We	03 13	☿⚻♄	
	05 48	☽⚼☿	b
	08 29	☽∥☿	G
	11 13	☽∥Ψ	D
	18 36	☽⚼♃	b
	20 43	☽△Ψ	G
	23 13	☽⚼☉	b
4 Th	02 11	☽♏	
	03 09	☽□♂	B
	04 07	♀☌♅	
	06 43	☽⊻♄	g
	10 52	☽△☿	G
	11 00	☽✱♇	G
	11 55	☿✱♇	
	13 07	☽∥♇	D
	20 56	☽△♃	G
	21 02	☽⚼♅	b
	22 40	☽⚼♀	b
	23 34	♀⊻Ψ	
5 Fr	03 21	☽△☉	G
	06 14	☿±♂	
	07 42	♀∥♅	
	08 56	☽∠♄	b
	13 34	☽∠♇	b
6 Sa	00 06	☽△♅	G
	01 50	☽□Ψ	B
	02 59	☉⚼♂	
	04 31	☽△♀	G
	05 29	☽#♂	B
	07 36	☽♐	
	08 22	☽△♂	G
	12 13	☽✱♄	G
	17 13	☽⊻♇	g
7 Su	01 55	☽□☿	B
	03 03	♀#♄	
	04 58	☽□♃	B
	12 33	♀♈	
	12 37	☽⚼♂	b
	15 42	☽□☉	B
	19 15	♀△♂	
	21 02	☉Q♇	

8 Mo	01 45	☿☌♃	
	09 27	☽□♅	B
	11 13	☽✱Ψ	G
	17 13	☽♑	
	20 30	☽□♀	B
	21 47	☽□♄	B
9 Tu	03 33	☽☌♇	D
	08 21	♀☍♄	
	13 21	☿∥♃	
	15 53	☽#♂	B
	17 08	☽✱♃	G
	17 13	☽∠Ψ	b
	22 43	♀⊥Ψ	
	23 28	☽✱☿	G
10 We	01 55	☿⚼♂	
	08 41	☽✱☉	G
	17 09	♂ Stat	
	21 59	☽✱♅	G
	23 42	☽⊻Ψ	g
11 Th	00 10	☽∠♃	b
	02 32	☿Q♇	
	05 42	☽♒	
	06 19	☽☍♂	B
	10 01	☽△♄	G
	11 44	☽∠☿	b
	12 19	☽∥♇	D
	16 14	☽✱♀	G
	16 23	☽⊻♇	g
	17 36	♀□♇	
	18 03	☽∠☉	b
12 Fr	04 42	☽∠♅	b
	07 23	☽⊻♃	g
	16 23	☽⚼♄	b
	19 07	♀∥♄	
	19 39	☽∥Ψ	D
	22 58	☽∠♇	b
13 Sa	00 12	☽⊻☿	g
	02 23	☽∠♀	b
	03 25	☽⊻☉	g
	11 21	☽⊻♅	g
	12 57	☽☌Ψ	D
	18 44	☽♓	
	20 54	♀#♅	
	22 41	☽∥♃	G
14 Su	05 21	☽✱♇	G
	12 13	☽⊻♀	g
	13 04	☉#♀	
	13 16	☉☌☿	
	17 04	☽∥☿	G
	21 17	☽☌♃	G
	22 04	☽#♀	G
	23 47	☽∥☉	G
15 Mo	00 42	☽∥♅	B
	01 39	☽⚼♂	b
	02 48	☽#♄	B
	12 21	☉∥♅	
	13 24	☿#♀	
	17 53	☽∥♄	B
	19 18	☽#☉	G
	19 48	☽#♅	B
	21 01	☽☌☉	D
	21 40	☿☌♅	
	22 27	☽#☿	G
	23 38	☽☌♅	B
16 Tu	00 01	☽☌☿	G
	01 05	☽⊻Ψ	g
	01 10	☽∥♀	G
	06 32	☽♈	
	06 44	☿⊻Ψ	

	07 29	☽△♂	G
	09 55	☽☍♄	B
	12 21	☉#♄	
	14 22	☿∥♅	
	16 55	☽□♇	B
	20 11	☽#♃	G
	23 50	☿#♄	
17 We	06 08	☽☌♀	G
	06 28	☽∠Ψ	b
	06 50	☉☌♅	
	09 25	☉∥☿	
	09 27	☽⊻♃	g
	09 38	♀∠Ψ	
	16 12	☿♈	
	23 07	☽#Ψ	D
	23 33	☿△♂	
18 Th	00 19	☉⊻Ψ	
	10 05	☽⊻♅	g
	11 04	☿☍♄	
	11 23	☽✱Ψ	G
	12 17	☽⊻☉	g
	14 47	☽∠♃	b
	16 29	☽♉	
	17 47	☽□♂	B
	21 02	☽⊻☿	g
	22 29	♀⊻♃	
19 Fr	02 34	☽△♇	G
	04 59	☽#♇	D
	08 23	☿⊥Ψ	
	09 34	☉#☿	
	14 34	☽∠♅	b
	18 59	☽∠☉	b
	19 36	☽✱♃	G
	21 25	☽⊻♀	g
	23 26	☽⚼♄	b
20 Sa	06 22	☽∠☿	b
	06 40	☽⚼♇	b
	08 16	☿□♇	
	17 32	☉♈	
	17 33	☽∥♂	B
	18 19	☿∥♄	
	18 33	☽✱♅	G
	19 41	☽□Ψ	B
	21 47	☿#♅	
21 Su	00 28	☽♊	
	01 02	☽✱☉	G
	02 10	☽✱♂	G
	02 57	☽△♄	G
	04 02	☽∠♀	b
	14 51	☽✱☿	G
	17 54	☉△♂	
22 Mo	00 37	☉☍♄	
	03 33	☽□♃	B
	05 35	☽∠♂	b
	09 54	☽✱♀	G
23 Tu	00 02	♀#♃	
	00 49	☽□♅	B
	01 49	☽△Ψ	G
	03 53	♂✱♄	
	06 16	☽♋	
	07 32	♄#♅	
	08 20	☽□♄	B
	08 24	☽⊻♂	g
	11 00	☽□☉	B
	15 38	☽☍♇	B
	22 07	☿∠Ψ	
24 We	03 58	☽⚼Ψ	b
	04 55	☽□☿	B
	06 15	☉⊥Ψ	

	07 29	☽∥♂	B
	09 03	☽△♃	G
	19 14	☽□♀	B
	22 16	♀⊥♃	
25	04 39	☽△♅	G
Th	09 25	☉#♅	
	09 39	☽☊	
	10 51	☽⊡♃	b
	11 21	☽✱♄	G
	12 15	☽☌♂	B
	13 46	☿⊻♃	
	14 33	☽#♇	D
	16 55	☉∥♄	
	17 55	☿#♃	
	17 57	☽△☉	G
26	03 45	☉□♇	
Fr	05 42	☽⊡♅	b
	12 02	☽∠♄	b
	15 05	☽△☿	G
	16 43	☽#♆	D
	19 19	☽⊡♇	b
	20 26	☽⊡☉	b
27	01 36	☽△♀	G
Sa	07 04	☽☍♆	B
	08 36	☽∥♀	G
	10 57	☽♍	
	11 46	☽∥☿	G
	12 20	☽⊻♄	g
	14 03	☽⊻♂	g
	18 44	☽#♃	G
	19 04	☽⊡☿	b
	19 40	☽△♇	G
28	04 05	☽⊡♀	b
Su	07 28	☽∥☉	G
	10 59	☽∥♄	B
	12 03	☽#♅	B
	13 30	☽☍♃	B
	14 33	☽∠♂	b
29	01 20	☽∥♅	B
Mo	02 30	☽#♄	B
	04 23	☿⊥♃	
	06 55	☽☍♅	B
	07 28	☽#☉	G
	11 21	☽♎	
	12 24	♀⊻♅	
	12 29	☽☌♄	B
	15 05	☽✱♂	G
	16 05	☿∥♀	
	18 06	☽∥♃	G
	20 06	☽□♇	B
	20 25	♀✱♆	
30	02 25	☽☍☉	B
Tu	08 00	☽⊡♆	b
	11 11	☽#♀	G
	12 36	☽#☿	G
	21 00	☽∥♆	D
31	06 27	☽☍☿	B
We	08 52	☽△♆	G
	12 13	☽☍♀	B
	12 41	☽♏	
	13 36	☽⊻♄	g
	16 21	☽⊡♃	b
	17 19	☽□♂	B
	17 35	♀♉	
	21 50	☽✱♇	G
	22 22	☿⊻♅	

APRIL

1	00 03	☽∥♇	D
Th	03 16	♀⊽♄	
	03 21	☿✱♆	
	09 52	☽⊡♅	b
	15 07	☽∠♄	b
	17 06	♃Q♇	
	18 33	☽△♃	G
	23 33	☿#♆	
	23 47	☽∠♇	b
2	02 52	☽#♂	B
Fr	12 22	☽△♅	G
	12 41	☽⊡☉	b
	12 54	☽□♆	B
	13 06	☿♉	
	15 44	☉∠♆	
	16 52	☽♐	
	17 33	☽✱♄	G
	18 53	☿⊽♄	
	21 58	♀∠♃	
	22 46	☽△♂	G
3	02 43	☽⊻♇	g
Sa	11 25	♀□♂	
	14 48	♀⊥♅	
	18 23	☽△☉	G
4	00 38	☽⊡☿	b
Su	02 02	☽□♃	B
	03 08	☽⊡♂	b
	04 30	☽⊡♀	b
	05 17	☉#♃	
	07 26	♀#♆	
	15 38	☿∠♃	
	20 30	☽□♅	B
	20 57	☽✱♆	G
5	01 07	☽♑	
Mo	01 15	☿⊥♅	
	01 30	☽□♄	B
	03 12	♀△♇	
	04 17	☿□♂	
	09 02	☽△☿	G
	11 42	☽☌♇	D
	12 39	☽△♀	G
	17 29	♀±♄	
6	02 27	☽∠♆	b
Tu	09 37	☽□☉	B
	10 46	☿△♇	
	13 42	☽✱♃	G
	14 47	☽#♂	B
	23 39	☿±♄	
7	02 36	♇Stat	
We	08 18	☽✱♅	G
	08 39	☽⊻♆	g
	12 51	☽♒	
	12 53	☽△♄	G
	18 12	☽∥♇	D
	18 51	♄♍	
	20 35	☽∠♃	b
	22 02	☽☍♂	B
	23 51	☽⊻♇	g
8	03 47	☽□☿	B
Th	05 17	☽#☿	G
	07 50	☽□♀	B
	14 55	☽∠♅	b
	16 21	☽#♀	G
	19 11	☽⊡♄	b
	19 56	♀Q♆	
9	01 09	☉⊻♃	
Fr	03 16	☽∥♆	D
	03 42	☽⊻♃	g
	03 53	☽✱☉	G
	06 22	☽∠♇	b
	21 32	☽⊻♅	g
	21 44	☽☌♆	D
10	01 48	☽♓	
Sa	03 29	☽#☉	G
	12 43	☽✱♇	G
	13 00	☽∠☉	b
	17 03	☽∥♃	G
	21 38	☽✱☿	G
11	00 51	♂⊽♇	
Su	02 58	☿Q♆	
	03 33	☽✱♀	G
	05 34	☽#♄	B
	06 44	♀∠♅	
	10 11	☽∥♅	B
	17 13	☽☌♃	G
	19 07	☽⊡♂	b
	21 34	☽⊻☉	g
	23 46	☽#♅	B
12	04 30	☽∥♄	B
Mo	05 14	☽∠☿	b
	09 40	☽☌♅	B
	09 43	☽⊻♆	g
	12 32	☽∠♀	b
	12 51	☽☍♄	B
	13 31	☽♈	
	15 40	♀⊡♄	
	15 53	☽#♃	G
13	00 03	☽□♇	B
Tu	01 14	☽△♂	G
	07 43	♅⊻♆	
	11 39	☽∥☉	G
	11 47	☽⊻☿	g
	14 51	☽∠♆	b
	17 37	☿#♇	
	20 41	☽⊻♀	g
14	04 29	☽⊻♃	g
We	04 37	☽#♆	D
	12 29	☽☌☉	D
	19 23	☽✱♆	G
	19 27	☽⊻♅	g
	22 55	☽♉	
15	05 59	☽∥♀	G
Th	09 00	☽△♇	G
	09 10	☽∠♃	b
	11 36	☽□♂	B
	11 40	☽#♇	D
	13 01	☽∥☿	G
	21 55	☽☌☿	G
	23 29	☽∠♅	b
16	01 42	☽⊡♄	b
Fr	05 33	☽∥♂	B
	10 39	☽☌♀	G
	12 40	☽⊡♇	b
	13 18	☽✱♃	G
	22 49	☉⊥♃	
17	00 31	☽⊻☉	g
Sa	02 49	☽□♆	B
	03 01	☽✱♅	G
	04 57	☽△♄	G
	06 08	☽♊	
	08 08	♀⊡♇	
	18 40	♀#♇	
	19 48	☽✱♂	G
	20 43	♀✱♃	
18	04 07	☿Stat	
Su	04 51	☽⊻☿	g
	05 41	☽∠☉	b
	08 16	☉✱♆	
	08 35	☿∥♀	
	11 58	☉⊻♅	
	20 11	☽□♃	B
	22 06	☽⊻♀	g
	23 14	☽∠♂	b
19	07 22	☽∠☿	b
Mo	08 31	☽△♆	G
	08 49	☽□♅	B
	09 06	☉⊽♄	
	10 15	☽□♄	B
	10 21	☽✱☉	G
	11 39	☽♋	
	21 05	☽☍♇	B
20	01 39	☿#♇	
Tu	02 18	☽⊻♂	g
	03 04	☽∠♀	b
	04 30	☉♉	
	09 19	☽✱☿	G
	10 48	☽⊡♆	b
21	01 29	☽△♃	G
We	06 53	☽∥♂	B
	07 33	☽✱♀	G
	11 52	☽∥♀	G
	13 08	☽△♅	G
	14 07	☽✱♄	G
	15 42	☽☊	
	18 20	☽□☉	B
	19 30	☽#♇	D
	21 40	☽∥☿	G
22	03 34	☽⊡♃	b
Th	07 18	☽☌♂	B
	11 43	☽□☿	B
	14 46	☽⊡♅	b
	15 32	☽∠♄	b
	23 42	☽#♆	D
	23 57	☽∥☉	G
23	02 14	☽⊡♇	b
Fr	02 54	♀Q♂	
	03 54	☉#♆	
	04 38	♀∥♂	
	15 11	☽□♀	B
	15 35	☽☍♆	B
	16 39	☽⊻♄	g
	18 24	☽♍	
	19 54	♀□♆	
24	00 39	☽△☉	G
Sa	02 06	♀✱♅	
	03 19	☽△♇	G
	07 44	♀△♄	
	10 59	☽⊻♂	g
	11 12	☽#♃	G
	12 27	☽△☿	G
	15 50	☽∥♄	B
	16 05	♀±♇	
	22 01	☽#♅	B
	23 32	☉⊥♅	
25	03 24	☽⊡☉	b
Su	04 19	☉±♄	
	05 05	♀♊	
	07 19	☽∥♅	B
	08 02	☽☍♃	B
	09 38	☿Q♆	
	10 41	☿□♂	
	12 27	☽⊡☿	b
	12 34	☽∠♂	b
	13 36	☽#♄	B
	15 44	☉△♇	
	17 45	☽∥♃	G
	18 08	☽☍♅	B
	18 21	☽☌♄	B
	20 16	☽♎	
	21 40	☽△♀	G
26	05 07	☽□♇	B
Mo	14 10	☽✱♂	G
	18 31	☽⊡♆	b
	23 23	♄☍♅	
27	00 57	☽⊡♀	b
Tu	05 35	☽∥♆	D
	12 11	☽#☉	G
	19 45	☽△♆	G
	20 19	☽⊻♄	g
	20 19	☽#☿	G
	22 28	☽♏	
28	00 02	♂±♇	
We	07 30	☽✱♇	G
	10 06	☽∥♇	D
	12 18	☽☍☉	B
	12 36	☽⊡♃	b
	12 48	☽☍☿	B
	15 58	☿∠♃	
	16 44	☉☌☿	
	16 55	☽#♂	B
	17 35	☉∠♃	
	18 20	☽□♂	B
	21 53	☽∠♄	b
	22 13	☽⊡♅	b
29	09 25	☽∠♇	b
Th	10 32	☽#♀	G
	13 32	♀⊽♇	
	15 04	☽△♃	G
	18 20	♀Q♃	
	20 32	☉∥☿	
	23 48	☽□♆	B
30	00 07	☽✱♄	G
Fr	00 39	☽△♅	G
	02 36	☽♐	
	12 05	☽⊻♇	g
	14 22	☽☍♀	B
	20 39	☿⊻♀	
	22 00	☉Q♆	

MAY

1	01 17	☽△♂	G
Sa	17 34	☽⊡☿	b
	22 34	☽□♃	B
2	03 37	☽⊡☉	b
Su	06 13	☽⊡♂	b
	07 05	☽✱♆	G
	07 09	☽□♄	B
	08 08	☽□♅	B
	10 00	☽♑	
	20 04	☽☌♇	D
	20 46	☽△☿	G
	22 22	♄⊽♆	
3	07 57	♂∠♄	
Mo	10 57	☽△☉	G
	11 13	☽#♀	G
	12 01	☿△♇	
	12 05	☽∠♆	b
	18 47	☿⊥♅	
	23 51	☉⊡♄	
4	04 04	☿⊥♀	
Tu	08 45	♀Q♅	
	09 47	☽✱♃	G
	13 09	☉□♂	
	13 33	☽⊡♀	b
	13 39	☿#♆	
	17 07	☉∠♅	
	17 39	☽△♄	G

	17 52	☽⊻♆	g
	19 07	☽✱♅	G
	20 52	☽♒	
	22 43	☽#♂	B
	22 53	♂⚼♅	
5	00 38	☽∥♇	D
We	03 19	☿±♄	
	05 35	☽□☿	B
	07 22	☽⊻♇	g
	12 31	☽#☉	G
	16 26	☽∠♃	b
	23 11	☽△♀	G
	23 47	☽⚼♄	b
6	01 30	☽∠♅	b
Th	02 23	☽☍♂	B
	04 15	☽□☉	B
	10 47	☽∥♆	D
	13 42	☽∠♇	b
	15 14	☽#☿	G
	21 28	♂#♇	
	23 21	☽⊻♃	g
	23 59	♃#♄	
7	06 36	☽☌♆	D
Fr	08 02	☽⊻♅	g
	09 34	☽♓	
	16 21	☽✱☿	G
	20 03	☽✱♇	G
	21 55	♀✱♂	
8	09 59	☽#♄	B
Sa	10 34	☽∥♃	G
	18 40	☽□♀	B
	19 41	☽∥♅	B
	21 47	☽∠☿	b
	22 10	☽✱☉	G
9	04 33	☽#♅	B
Su	12 32	☽☌♃	G
	13 13	☽#♃	G
	14 15	☽∥♄	B
	17 58	☽☍♄	B
	18 41	☽⊻♆	g
	20 12	☽☌♅	B
	21 29	☽♈	
	21 56	☿∠♀	
10	00 04	☽⚼♂	b
Mo	02 56	☽⊻☿	g
	06 16	☽∠☉	b
	07 32	☽□♇	B
	10 22	☉∥♂	
	22 07	☉⚼♇	
	23 49	☽∠♆	b
11	00 51	☽∥☿	G
Tu	06 05	☽△♂	G
	11 25	☽#♆	D
	11 28	☽✱♀	G
	13 27	☽⊻☉	g
	22 27	☿ Stat	
	23 09	☽⊻♃	g
12	04 11	☽✱♆	G
We	05 46	☽⊻♅	g
	06 48	☽♉	
	11 46	☽☌☿	G
	12 53	☉#♇	
	14 05	☽∥♂	B
	16 16	☽△♇	G
	18 23	☽∠♀	b
	19 20	☽#♇	D
	19 46	☽∥☉	G
13	03 18	☽∠♃	b
Th	06 53	☽⚼♄	b

	09 26	☽∠♅	b
	15 42	☽□♂	B
	19 34	☽⚼♇	b
14	00 22	☽⊻♀	g
Fr	01 04	☽☌☉	D
	06 45	☽✱♃	G
	09 50	☽△♄	G
	10 51	☽□♆	B
	12 28	☽✱♅	G
	13 18	☽♊	
	18 34	☽⊻☿	g
15	07 00	☽∥♀	G
Sa	13 13	☉⊻♀	
	21 25	☽∠☿	b
	22 42	☽✱♂	G
16	09 52	☽⊻☉	g
Su	10 15	☽☌♀	G
	12 06	☽□♃	B
	12 33	☽∥♀	G
	14 19	☽□♄	B
	15 25	☽△♆	G
	17 06	☽□♅	B
	17 45	☽♋	
17	00 02	☽✱☿	G
Mo	01 32	☽∠♂	b
	02 25	☽☍♇	B
	10 57	♀□♃	
	13 37	☽∠☉	b
	17 13	☽⚼♆	b
	19 24	☿±♄	
18	00 41	☉✱♃	
Tu	02 57	♂⚼♇	
	04 07	☽⊻♂	g
	08 18	♀□♄	
	15 18	☽∥☉	G
	16 11	☽△♃	G
	17 07	☽✱☉	G
	17 37	☽✱♄	G
	18 30	☽⊻♀	g
	20 35	☽△♅	G
	21 06	☽♌	
	22 12	♀△♆	
	23 43	☽#♇	D
19	00 27	☉△♄	
We	05 01	☽□☿	B
	10 27	☽∥♂	B
	17 59	☽⚼♃	b
	18 14	☉□♆	
	18 47	☿△♇	
	19 04	☽∠♄	b
	19 41	♀□♅	
	22 07	☽⚼♅	b
	22 20	☽∠♀	b
20	01 05	♀♋	
Th	01 58	☉±♇	
	04 42	☽#♆	D
	06 59	☽⚼♇	b
	08 51	☽☌♂	B
	14 42	☽∥☿	G
	20 27	☽⊻♄	g
	21 43	☽☍♆	B
	21 48	☉✱♅	
	23 43	☽□☉	B
	23 58	☽♍	
21	01 41	☿⊥♅	
Fr	02 05	☽✱♀	G
	03 34	☉♊	
	08 21	☽△♇	G
	10 09	☽△☿	G

	10 34	♂±♃	
	19 43	☽∥♄	B
22	00 20	☽#♃	G
Sa	02 19	♂⊥♄	
	05 09	☽#♅	B
	11 08	☽∥♅	B
	12 55	☽⚼☿	b
	13 26	☽⊻♂	g
	15 48	☽∥♃	G
	20 37	☽#♄	B
	23 09	☽☍♃	B
	23 14	☽☌♄	B
23	02 34	☽☍♅	B
Su	02 50	☽♎	
	05 36	♃☍♄	
	06 17	☽△☉	G
	09 40	☽□♀	B
	11 11	☽□♇	B
	15 52	☽∠♂	b
24	02 11	☽⚼♆	b
Mo	03 15	♀☍♇	
	05 26	☽#☿	G
	09 48	☽⚼☉	b
	12 05	☽∥♆	D
	18 30	☽✱♂	G
25	01 44	☽#♂	B
Tu	02 34	☽⊻♄	g
	04 01	☽△♆	G
	06 17	☽♏	
	14 44	☽✱♇	G
	17 56	☽∥♇	D
	18 10	☽△♀	G
	23 15	☽☍☿	B
26	04 39	☉∇♇	
We	04 44	☽∠♄	b
	05 38	☽⚼♃	b
	07 30	♂±♅	
	08 25	☽⚼♅	b
	13 19	☽#☉	G
	17 05	☽∠♇	b
	22 56	☿Q♆	
	23 11	☽⚼♀	b
27	01 02	☽□♂	B
Th	07 22	☽✱♄	G
	08 38	☽△♃	G
	08 55	☽□♆	B
	11 13	☽△♅	G
	11 15	☽♐	
	19 58	☽⊻♇	g
	23 07	☽☍☉	B
28	01 44	♅♈	
Fr	08 14	♃⊻♆	
	09 46	♀∠♂	
	09 49	☽#♀	G
	16 03	☿#♆	
	23 32	☿⚼♄	
29	10 12	☽△♂	G
Sa	13 21	☽#♀	G
	14 38	☽□♄	B
	16 06	☽⚼☿	b
	16 16	☽✱♆	G
	16 40	☽□♃	B
	18 44	☽♑	
	18 50	☽□♅	B
	23 06	☿∠♃	
30	03 49	☽☌♇	D
Su	16 02	☽⚼♂	b
	18 07	♄ Stat	
	19 23	☽☍♀	B

	21 04	☽∠♆	b
	22 08	☿∠♅	
	23 55	☽△☿	G
31	03 46	☽#☉	G
Mo	12 56	♀⚼♆	
	18 52	♆Stat	
	19 42	☽⚼☉	b
	JUNE		
1	00 50	☽△♄	G
Tu	02 33	☽⊻♆	g
	03 41	☽✱♃	G
	05 08	☽♒	
	05 22	☽✱♅	G
	06 41	☿∥♂	
	07 40	☽∥♇	D
	14 31	☽⊻♇	g
2	00 42	☉Q♃	
We	04 15	☽△☉	G
	06 51	☽⚼♄	b
	07 17	☽#☿	G
	08 10	♀Q♄	
	10 07	☽∠♃	b
	11 11	☽#♂	B
	11 31	☽∠♅	b
	18 09	☽∥♆	D
	18 44	☽□☿	B
	19 39	☉Q♅	
	20 39	☽∠♇	b
3	01 50	♂⊻♄	
Th	11 21	☿⚼♇	
	13 42	☽☍♂	B
	14 56	☽☌♆	D
	16 50	☽⊻♃	g
	17 34	☽♓	
	17 56	☽⊻♅	g
	23 09	☽⚼♀	b
4	02 58	☽✱♇	G
Fr	16 55	☽#♄	B
	17 52	♂☍♆	
	22 13	☽□☉	B
5	02 10	☽∥♃	G
Sa	04 44	☽∥♅	B
	08 44	☽△♀	G
	10 22	☽#♅	B
	12 50	☽#♃	G
	15 25	☽✱☿	G
	22 04	☽∥♄	B
6	01 36	☽☍♄	B
Su	03 15	☽⊻♆	g
	05 49	☽☌♃	G
	05 50	☽♈	
	06 19	☽☌♅	B
	06 28	♃♈	
	14 53	☽□♇	B
7	01 13	☽∠☿	b
Mo	06 11	♂♍	
	08 37	☽∠♆	b
	11 22	☽⚼♂	b
	14 26	♂∇♃	
	14 31	☽✱☉	G
	19 03	♂∇♅	
	19 28	☽#♆	D
	20 30	☽∥♂	B
8	01 44	☽□♀	B
Tu	03 22	♀±♆	
	10 05	☽⊻☿	g
	11 27	♃☌♅	
	13 13	☽✱♆	G

	15 41	☽♉	
	16 14	☽⊻♅	g
	16 17	☽⊻♃	g
	17 06	☽△♂	G
	20 09	♂#♆	
	21 13	☽∠☉	b
	23 14	☿△♄	
9	00 08	☽△♇	G
We	00 29	☽∥☿	G
	03 59	☽#♇	D
	08 21	☿±♇	
	10 39	☿□♆	
	15 33	☽⚼♄	b
	19 56	☽∠♅	b
	20 12	☽∠♃	b
10	02 51	☽⊻☉	g
Th	03 24	☿#♇	
	03 29	☽⚼♇	b
	05 41	☿♊	
	10 05	☉∥♀	
	10 28	☿✱♅	
	13 42	☿✱♃	
	14 21	☽✱♀	G
	15 34	☽∥♀	G
	16 15	☽∥☉	G
	17 19	☉⊥♀	
	18 32	☽△♄	G
	19 50	☽□♆	B
	20 47	♀⊥♂	
	22 11	☽♊	
	22 33	☉Q♂	
	22 47	☽✱♅	G
	23 16	☽✱♃	G
11	00 31	☽☌☿	G
Fr	01 42	☽□♂	B
	13 27	☿□♂	
	19 06	☽∠♀	b
12	11 15	☽☌☉	D
Sa	15 18	♀✱♄	
	19 05	☿∇♇	
	22 25	☽□♄	B
	23 03	☽⊻♀	g
	23 35	☽△♆	G
13	01 50	☽♋	
Su	02 29	☽□♅	B
	03 19	☽□♃	B
	05 23	♀∇♆	
	07 13	☽✱♂	G
	09 17	☽☍♇	B
	11 22	☽⊻☿	g
	18 42	☽∥☉	G
14	00 44	☽⚼♆	b
Mo	04 18	☽∥♀	G
	08 50	♀♌	
	09 15	☽∠♂	b
	16 05	☽∠☿	b
	16 12	☽∥☿	G
	17 12	☽⊻☉	g
	17 20	♀△♅	
15	00 38	☽✱♄	G
Tu	03 54	☽♌	
	04 36	☽△♅	G
	05 35	☽☌♀	G
	05 42	☽#♇	D
	05 46	☽△♃	G
	08 07	♀△♃	
	11 06	☽⊻♂	g
	12 12	♂△♇	
	19 49	☽∠☉	b

	20 41	☽✳☿	G		21 52	☽△♃	G	3	03 30	☽∥♄	B		08 13	☿△♃		Mo	08 56	☽∠♂	b
16	01 32	☽∠h	b		22 51	☽♯♂	G	Sa	04 04	♀Q♄			09 40	☽♉♈			11 26	☽✳♀	G
We	05 29	☽Q♅	b	24	01 48	☽✳♇	g		10 35	☽✕♆	g		14 28	☽∥☉	G		16 49	☿⊥♂	
	06 49	☽♌♃	B	Th	02 05	♀Q♂			11 17	☽♂♄	B		14 33	☽∠♀	b		20 08	☽∠h	b
	10 09	☽♯♆	D		11 17	☽♌♂	B		13 44	☽♈			15 13	☿✇♇			21 19	☽Q♅	b
	11 58	☽Q♇	b		16 20	☽△♀	G		14 55	☽♂♅	B		19 16	☽✳♂	G		21 41	☽♯☉	G
	17 25	☽∥♂	B		16 23	☿△h			19 17	☽♂♃	D		19 40	☽●●●	D	20	01 26	☿Q♃	
	18 48	☿∥♀			18 33	☽△♆			21 32	☽♌♇	B		21 32	☽∠♂		Tu	02 31	☽Q♃	b
	22 27	☽✳☉	G	25	10 32	☿☉			23 53	☽∥♂	B		22 33	☽∥☿	G		02 39	☽☐♃	B
17	01 21	☿Q♅	b	Fr	16 36	☽☐♅	B	4	03 01	♀⊥h		12	11 48	☽✳h			02 44	☽∠♇	b
Th	02 29	☽✕h	g		18 55	☉✇♇		Su	05 32	☽Q♀	b	Mo	12 53	☽♌			03 19	☿Q♃	
	03 24	☽✇♆	B		21 50	♀✕h			14 35	☽☐☉	B		13 49	☽△♅	G		13 20	☽✳♂	
	05 41	☽♍			23 19	☽☐h	B		16 20	☽∠♆	b		14 14	☽♯♇	D		20 07	☽△☉	G
	11 46	☿✕♀	g		23 28	☽Q♀	b	5	21 24	☽♯♆	D		16 55	☽✕♀	g		20 16	☽Q♅	b
	12 37	☿Q♃			23 33	☽✳♆	G	Mo	07 40	☽☐☿	B		18 05	☽△♃			22 09	☉▽♆	G
	12 53	☽△♇	G	26	02 21	☽♌			12 33	☉☐♆			20 35	☽∠♂	b		23 43	☽✳h	G
	14 53	☽♂♂	B	Sa	03 25	☽☐♅	B		13 52	☽△♀	G		22 49	☽♂♂	B		23 48	☽✕	
18	01 23	♀▽♇			05 41	☽✇♂	B		16 35	♀±♅		13	08 48	♀▽♃		21	00 44	☽△♅	G
Fr	01 26	☽∥♄	B		06 01	☽♯♀	g		16 51	♅Stat		Tu	12 06	☽∠h	b	We	06 06	☽△♃	G
	06 35	☽☐♀	B		06 37	☽☐♃	B		17 08	☽∥♀	g		13 59	☽Q♅	b		06 17	☽✕♀	g
	10 57	☽♯♃	G		10 12	☽♂♇	D		20 50	☿±♆			17 38	☽♯♆	D		15 10	h♍	
	11 05	☽♯♅	B		11 08	☿☐♃			21 24	☽✳♆	G		17 55	♀△♇			23 42	☽☐♀	B
	15 05	☽∥♅	B		11 30	☽●⊙	G	6	00 29	☽☿			18 18	☽Q♃	b	22	02 25	☽Q☉	b
	15 12	☽Q♂	b		20 26	☽♯⊙	G	Tu	01 37	☽✕♅	g		18 58	☽♯♇	b	Th	18 26	☽△♀	g
	15 13	☽∥♃	G		22 53	☽△♂	g		02 05	☽☐♀	B		21 44	☽✕♂	g		22 21	☽♌	
19	00 46	☽♯h	B		22 54	♀♯♇	B		06 02	☽✕♃	g		22 54	☽∥♀	G	23	00 31	☽☐♂	B
Sa	01 00	☽✳☉	B	27	04 27	☽∠♆	b		07 47	☽△♇	G		23 28	☽✕⊙	g	Fr	01 12	☉✳h	
	05 04	☽♂h	B	Su	07 15	☿✇♂			13 09	☽♯♆	D	14	10 23	☽✕♃	b		04 50	☽✳♆	G
	08 13	☽♍			18 52	♀Q♅			12 46	☽☐h	b	We	12 23	☽✕h	g		08 39	☽♍	
	09 03	☽✇♅	B	28	02 46	h▽♆		7	02 46	☽✳●	g		13 15	☽♍			08 55	☽☐h	B
	10 55	☽✇♃	B	Mo	05 41	☽Q♂	b	We	04 36	☽☐☿			18 35	⊙±♆			09 33	☽☐♃	B
	13 18	⊙☐h			09 54	☽✕♀	g		07 29	☽△♂	g		19 08	☽△♇	G		10 06	☽✕	
	13 23	♃∥♅	B		09 56	☽△h	g		10 07	☽Q♃	b		21 08	♀±♇			12 08	♃Stat	
	15 31	☽☐♇	B		12 07	☉✇☿			11 38	☽Q♇	b		21 14	☽✇♀	g		15 14	☽☐♃	B
	19 03	☽✳♀	G		12 52	☽♒			19 44	♀±♃		15	01 23	☽∠♀	b		15 18	☽✇♄	D
	19 42	☽✕♂	g		14 00	☽✳♅			20 34	☽∥⊙	G	Th	03 33	☽∥♂	B		19 15	☿⊥h	
20	00 21	⊙△♆			14 45	☽∥♇	D		21 57	☽∥☿	G		05 55	☽✕♂	g		21 13	♂∥h	
Su	06 24	☽♯♅	B		17 41	☽✳♃	G	8	02 15	☽△♇	B		10 54	☽∥h	B	24	23 51	☽Q♀	b
	07 35	☽♂♀	b		19 08	☽♯♀	G	Th	03 06	☽☐♀	B		17 50	☽♯♅	B	Sa	09 59	☽∠♀	b
	09 29	♀✕♂			20 53	☽✕♂			04 53	☽☐♆			19 27	☽∥♃	G		15 12	☽△♀	G
	17 32	☽∥♆	D	29	10 49	☽♂♃			06 10	☽△h	G		19 59	☽♯♅	B		16 42	♀☐♇	
	18 43	☽△♀	G	Tu	16 00	☽♯h	b		07 51	☽♓			21 36	☽∥♅	B	25	07 04	☽♯⊙	G
	22 46	☽✇♂	B		20 01	☽∠♅	b		08 54	☽✕♅	G	16	00 31	☽✇♂	B	Su	12 16	☽♯⊙	G
21	09 06	☽✕h	g		23 56	☽∠♃	b		09 53	☽∠●	b	Fr	03 40	☽✳●	G		14 20	☽△♂	g
Mo	11 28	⊙☉			01 01	☽∥♆	D		11 31	⊙∥♉	G		04 31	☽♯♄	b		15 36	☽✕♀	g
	12 14	☽♍		30	01 14	☽♂♀	B		13 15	☽✳♃	G		09 55	☽∠♃	b		19 38	☽♒	
	12 17	☽△☉	G	We	02 55	☽∠♇	b		14 33	☿✕♂	g		10 49	☽♯♂	B		20 19	☽△h	G
	19 40	☽✳♇	G		12 14	☽Q☉	b		19 58	☿▽♆	g		13 46	☽✇h	B		20 30	☽✳♅	B
	22 55	☉∥♀			18 18	☽△☿			23 55	♀✇♄			14 24	☽♍			21 03	☽∥♇	D
	23 56	☽∥♇	D		18 24	♀Q♇			05 35	☽✕h			15 19	☽♂♃			23 53	☽Q♀	b
22	00 28	☽Q♃	b		22 03	☽♂♆	D	Fr	09 07	☽∠♃	b		19 58	☽♯♃	B	26	00 27	☿±♃	
Tu	01 59	☽Q♅	b		JULY				10 38	☽✇♅			20 24	☽☐♇	B	Mo	01 37	☽✇●	B
	02 20	☽☐♅							14 02	☽✕●	g		21 49	☽✕♇			02 23	☽✕♀	g
	04 22	☽✳☿	G	1	01 10	☽♓			15 06	☽☐♂	B	17	02 50	☽✕♀	b		02 24	☽✳♃	G
	09 42	☽♯♀		Th	02 20	☽✕♅	g		16 29	☽♌♂		Sa	11 01	☽✕♂	g		06 25	☿✕♂	
	11 49	☽∠h	b		02 31	☽♯♂	B		17 21	♀✕h			12 35	☽Q♃	B		07 23	☿♯♅	
	15 52	☽☐♅			06 27	☽✕♃	g		23 45	☽△♃			14 36	☽✳♇	g		10 03	☽✇♆	
	17 03	☽Q☉	b		09 12	☽✳♇	G	10	08 47	☽△♆	G		19 44	☿✕♄			11 04	⊙▽♇	
	18 59	☽☐♂	b		12 19	☿✳♅		Sa	10 17	☽☐h	B		23 55	☽∥♆	D		11 30	⊙△♃	
	22 28	☽∠♇	b		14 51	☿Q♅			11 32	♀♍		18	06 41	☽∠♀	g		14 41	♂▽♆	
23	07 54	♀∠♀			21 16	☽△●	G		11 38	☽●		Su	06 41	☽✇♀	g		17 07	h✇♅	
We	13 21	⊙∥♃		2	02 29	☽♯h	B		11 39	☽✳♀	B		07 32	☿Q♅			21 56	☽Q♂	b
	15 04	☽✳h	B	Fr	02 54	☽⊥♂			12 37	☽☐♆	B		10 11	☽☐⊙	B	27	02 31	☽∠♅	b
	15 32	☽☐♅	B		04 44	☽✇♂	B		14 36	☽✕♂	g		14 26	☽△♆		Tu	02 36	☽Q♄	b
	16 04	☽♯♄	G		07 24	☽△♀	G		16 53	☽☐♃	B		17 18	☽✕♄	g		06 56	☽∥♆	D
	18 10	☽✕			12 47	☽∥♅	B		17 52	☽✇♇	B		17 42	☽♍			08 27	☽∠♇	b
	19 09	☽△♅	G		14 28	☽∥♃	G		18 39	☽✇♅	B		22 58	☽♯♂	G		08 30	☽∠♃	b
					15 31	☽♯♆	B	11	04 13	⊙✳♃	G		23 55	☽✳●	G		10 47	☽♯♂	G
					17 12	☽♯♅	B	Su	05 30	♀✇♆		19	05 50	☽∥♇	D		21 43	☿♍	

28	03 46	☽☌♆	D
We	04 42	☿▽♅	
	07 37	☿⚺♄	
	08 00	☽♓	
	08 47	☽⚺♅	g
	09 19	☽☍☿	B
	14 44	☽⚹♇	G
	14 48	☽⚺♃	g
29	02 16	☽#♀	G
Th	12 46	♂#♅	
	13 30	☽#♄	B
	19 22	☽∥♅	B
	19 44	☽#♂	B
	22 00	☽#♃	G
	22 09	☽∥♃	G
	23 46	♂♎	
30	00 12	☽∥♂	B
Fr	00 48	☽#♅	B
	03 44	☽☍♀	B
	04 24	☽⚼☉	b
	06 32	☽∥♄	B
	10 04	☿△♇	
	10 44	☿▽♃	
	13 31	♂☍♅	
	14 18	☽∥♀	G
	16 22	☽⚺♆	g
	20 42	☽♈	
	21 23	☽☌♅	B
	21 49	☽☍♂	B
	21 57	☉#♇	
	22 16	☽☍♄	B
31	03 17	☽□♇	B
Sa	03 21	☽☌♃	G
	08 07	♂☌♄	
	13 13	☽△☉	G
	16 55	♂#♃	
	18 42	♂∥♃	
	19 16	☽∥☿	G
	22 22	☽∠♆	b

AUGUST

1	13 06	☽#♆	D
Su	14 30	☽⚼☿	b
	14 35	☉±♇	
2	01 49	☉∠♆	
Mo	03 54	☽⚹♆	G
	08 13	☽♉	
	08 47	☽⚺♅	g
	14 28	☽△♇	G
	14 29	☽⚺♃	g
	17 37	☽∥☉	G
	22 13	☽#♇	D
	22 44	☽△☿	G
3	02 07	♂∥♅	
Tu	04 04	♀∥♄	
	04 59	☽□☉	B
	05 12	☽⚼♀	b
	05 33	♃□♇	
	13 30	☽∠♅	b
	15 07	☽⚼♄	b
	18 31	☽⚼♂	b
	19 01	☽∠♃	b
	19 02	☽⚼♇	b
4	04 20	♂☍♃	
We	04 58	♂□♇	
	11 39	♀#♂	
	11 49	☽△♀	G
	12 44	☽□♆	B
	16 54	☽♊	
	17 21	☽⚹♅	G
	19 09	☽△♄	G
	22 38	☽⚹♃	G
	22 57	♀▽♆	
	23 36	☽△♂	G
5	01 05	♂±♆	
Th	04 07	♀#♅	
	11 23	☽□☿	B
	16 35	☽⚹☉	G
6	04 51	♀#♃	
Fr	11 58	♂#♄	
	16 09	♀∥♃	
	17 51	☽△♆	G
	20 36	☽∠☉	b
	21 22	☽□♀	B
	21 50	☽♋	
	22 09	☽□♅	B
7	00 17	☽□♄	B
Sa	03 01	☽□♃	B
	03 10	☽☍♇	B
	03 47	♀♎	
	06 27	☽□♂	B
	07 59	♀☍♅	
	17 37	♀∥♅	
	18 46	☽⚹☿	G
	19 03	☉⚼♅	
	19 03	☽⚼♆	b
	23 32	☽⚺☉	g
8	17 24	♀☌♄	
Su	20 51	☽∠☿	b
	23 23	☽♌	
	23 36	☽△♅	G
9	00 11	☽#♇	D
Mo	02 02	☽⚹♄	G
	02 36	☽⚹♀	G
	04 07	☽△♃	G
	04 45	♀#♄	
	08 47	☉∠♄	
	09 40	☽⚹♂	G
	13 23	☽∥☉	G
	22 13	☽⚺☿	g
	23 30	☽⚼♅	b
	23 40	♀☍♃	
10	02 05	☽∠♄	b
Tu	02 55	☽#♆	D
	03 08	☽☌☉	D
	03 54	☽⚼♃	b
	04 05	♀□♇	
	04 13	☽⚼♇	b
	04 13	☽∠♀	b
	10 29	☽∠♂	b
	14 35	☉⚼♃	
	15 14	♀±♆	
	19 10	☽☍♆	B
	19 54	☉⚼♇	
	23 01	☽♍	
11	01 56	☽⚺♄	g
We	03 52	☽△♇	G
	05 36	☽⚺♀	g
	11 10	☽⚺♂	g
	15 58	☽∥☿	G
	18 10	☽#♂	B
	18 54	☽#♀	G
12	00 04	☽☌☿	G
Th	00 10	☽∥♄	B
	02 16	☽#♅	B
	03 53	☽#♃	G
	05 46	☽⚺☉	g
	05 54	☽∥♃	G
	07 31	☽∥♅	B
	09 34	☽#♄	B
	12 52	☿#♂	
	13 40	☿#♀	
	16 02	♀∥♂	
	16 14	☽#☿	G
	16 37	☽∥♂	B
	16 38	☽∥♀	G
	22 43	☽♎	
	22 46	☽☍♅	B
13	02 01	☽☌♄	B
Fr	03 06	☽☍♃	B
	03 38	☽□♇	B
	07 34	☽∠☉	b
	08 58	☽☌♀	G
	13 21	☽☌♂	B
	19 03	☽⚼♆	b
14	02 46	☽⚺☿	g
Sa	03 36	♅♓	
	08 43	☽∥♆	D
	10 06	☽⚹☉	G
	15 31	☽#☉	G
	20 06	☽△♆	G
15	00 26	☽♏	
Su	04 19	☽⚺♄	g
	05 03	☽∠☿	b
	05 36	☽⚹♇	G
	13 33	☽∥♇	D
	15 15	☽⚺♀	g
	18 27	☽⚺♂	g
16	02 26	☽⚼♅	b
Mo	06 46	☽∠♄	b
	06 57	☽⚼♃	b
	07 52	☽∠♇	b
	08 10	☽⚹☿	G
	18 14	☽□☉	B
	20 01	☽∠♀	b
	20 45	♃☍♄	
	21 48	☉±♅	
	22 32	☽∠♂	b
17	00 48	☽□♆	B
Tu	05 24	☽△♅	G
	05 34	☽♐	
	09 59	☽△♃	G
	10 10	☽⚹♄	G
	11 03	☽⚺♇	g
18	01 56	☽⚹♀	G
We	03 42	☽⚹♂	G
	16 50	☽□☿	B
	19 51	♂⚼♆	
	21 59	☿∥♄	
19	01 37	☉#♆	
Th	06 57	☽△☉	G
	07 51	☉±♃	
	09 06	☽⚹♆	G
	11 15	♀⚼♆	
	13 58	☽□♅	B
	14 17	☽♑	
	18 35	☽□♃	B
	18 48	☿#♅	
	19 39	☽□♄	B
	20 02	☽☌♇	D
	20 46	☉⊥♄	
20	10 07	☉☍♆	
Fr	14 22	☽∠♆	b
	14 44	☽⚼☉	b
	16 45	☽□♀	B
	16 49	☽□♂	B
	18 49	♀☌♂	
	19 58	☿Stat	
21	03 46	☽△☿	G
Sa	06 34	☿#♃	
	10 16	♄□♇	
	20 08	☽⚺♆	g
22	01 00	♄#♅	
Su	01 08	☽⚹♅	G
	01 37	☽♒	
	02 07	☽∥♇	D
	05 37	☽⚹♃	G
	07 29	☽⚺♇	g
	07 42	☽△♄	G
	09 33	☽⚼☿	b
	22 42	☉▽♅	
23	05 27	☉♍	
Mo	07 15	☽∠♅	b
	08 17	☽△♂	G
	10 00	☽△♀	G
	11 37	☽∠♃	b
	11 44	☽∥♆	D
	13 42	☽∠♇	b
	14 14	☽⚼♄	b
	16 21	☉∠♂	
	20 35	☽#☉	G
	21 34	♄±♆	
24	08 29	☽☌♆	D
Tu	10 02	☽∥♀	G
	11 38	♃#♄	
	13 31	☽⚺♅	g
	14 11	☽♓	
	16 22	☽⚼♂	b
	17 05	☽☍☉	B
	17 44	☽⚺♃	g
	18 56	☽⚼♀	b
	20 03	☽⚹♇	G
	22 14	☽∥♂	B
25	00 28	☉▽♃	
We	12 09	☿⚺♀	
	20 45	☿∥♄	
26	00 26	☽∥♅	B
Th	00 54	☽∥♃	G
	01 23	☽#☿	G
	01 34	☽#♄	D
	02 04	☽☍☿	B
	05 12	☉△♇	
	07 36	☽∥♄	B
	08 03	☽∥☿	G
	08 23	☽#♃	G
	08 49	☽#♅	B
	17 18	☿⚺♂	
	19 41	☿#♃	
	21 01	☽⚺♆	g
	21 31	☉⚺♄	
27	02 00	☽☌♅	B
Fr	02 49	☽♈	
	04 56	☿#♅	
	05 51	☽☌♃	G
	08 36	☽□♇	B
	09 44	☉#♀	
	10 03	☽☍♄	B
	14 20	☽#♂	B
28	03 04	☽∠♆	b
Sa	04 36	☽∥☉	G
	08 12	☽#♀	G
	15 48	♀Q♇	
	16 09	☽☍♂	B
	19 36	☽⚼☉	b
	20 55	☽☍♀	B
	21 29	☽#♆	D
29	06 40	♃∥♅	
Su	08 47	☽⚹♆	G
	10 14	☿⊥♀	
	13 36	☽⚺♅	g
	14 35	☽♉	
	15 19	☽⚼☿	b
	17 02	☽⚺♃	g
	20 11	☽△♇	G
30	03 40	☽△☉	G
Mo	06 36	☽#♇	D
	18 40	☽△☿	G
	18 45	☽∠♅	b
	21 55	☽∠♃	b
31	00 55	☿⊥♂	
Tu	01 15	☽⚼♇	b
	03 31	☽⚼♄	b
	18 39	☽□♆	B
	23 13	☽⚹♅	G

SEPTEMBER

1	00 19	☽♊	
We	00 58	♂Q♇	
	02 09	☽⚹♃	G
	08 05	☽△♄	G
	11 45	☽⚼♂	b
	13 04	☉#♂	
	17 22	☽□☉	B
	17 49	☽⚼♀	b
	23 17	☽□☿	B
2	16 30	☽△♂	G
Th	22 46	☽△♀	G
3	01 26	☽△♆	G
Fr	05 22	♀∥♆	
	05 40	☽□♅	B
	06 50	☽♋	
	08 06	☽□♃	B
	11 45	☉∠♀	
	11 47	☽☍♇	B
	12 35	☉☌☿	
	12 39	☿∠♀	
	14 34	☽□♄	B
4	00 56	☽⚹☿	G
Sa	02 44	☽⚹☉	G
	03 27	☽⚼♆	b
	17 11	♀△♆	
	22 49	☽□♂	B
5	00 41	☽∠☿	b
Su	05 18	☽□♀	B
	05 46	☽∠☉	b
	08 31	☽△♅	G
	09 23	☽#♇	D
	09 45	☽♌	
	10 31	☽△♃	G
	17 23	☽⚹♄	G
	17 23	☿∠♂	
	23 52	☽⚺☿	g
6	06 52	☽#♀	G
Mo	07 52	☽⚺☉	g
	08 48	☽⚼♅	b
	10 37	☽⚼♃	b
	12 23	☽#♆	D
	14 33	☽⚼♇	b
	17 43	☽∠♄	b
7	01 38	☽⚹♂	G
Tu	02 46	☽#♂	B
	04 52	☽☍♆	B
	08 17	☽⚹♀	G
	09 17	☉∥☿	
	09 53	☽♍	

	13 49	♀▽♅			11 32	♀±♅			09 17	☽♂☉	B		11 27	☽⚹☉	G		21 01	☿⚼♆
	14 17	☽∠♇	G		14 01	☽⚹♅	G		14 25	☽□♇	B		14 11	☽□♃	b		22 23	☿∥♃
	16 15	☽∥☿	G		18 17	☽□♅	B		22 31	☽♂ħ	B		15 04	☿△			23 12	☽⚼☉	g
	17 20	☽∥☉	G		18 52	☽□♃	B	24	00 05	☽∥☿	G		15 40	☽□♂		10	00 06	☽♂♂	B
	17 36	☽⚹ħ	g		20 30	☽ⅴ	Fr	07 35	☽∠♆	b		15 54	☽□♀	B	Su	01 34	☽∠♇	b
8	21 13	☽♂☿	G		21 41	♀±♃	25	04 34	☽∥ħ			16 24	☽□♅	b		11 40	☽∠ħ	b
We	02 19	☽∠♂	b		21 44	☽⚹♂	G	Sa	05 12	☽⚼♆	D		20 07	☽∠☿	b		15 09	☽△♃	G
	09 06	☽∠♀	b 16		01 52	☽♂♇	D		09 55	♂⚼ħ			20 11	☽⚼♆	D		15 27	☽□♅	B
	10 25	☽⊾♃	G Th		06 53	☽⚹♀	G		10 10	☽⚼♂	B		21 58	♀♂♂			17 58	☽∥♀	G
	10 30	☽♂☉	D		07 58	☽□ħ	B		13 12	☽⚹♅	G		23 06	☿⚼♅	B		18 09	☽∠♀	b
	11 43	☽⚼♅	B		08 35	☽△☿	G		13 46	☉±♆	4		00 16	☽□♇	b		18 27	☽△♅	G
	15 43	☽⚼ħ	B		18 59	☽∠♆	b		16 01	☽⚼♃	g Mo		06 32	☿⚼ħ			22 09	☽⚹
	15 44	☽∥ħ	B 17		09 17	☽⚹ħ			17 14	☽⚼♅	g		06 32	☿⚼ħ			23 39	☿⚼♀
	15 44	♀♂♅	Fr		15 41	☽□♃	b		20 17	☽ⴄ			08 53	☽∠ħ	b 11		02 50	☽∠♂	b
	17 36	♀▽♃			21 19	☽△⊛	g 26		00 15	☽□♀	b		13 27	☿□♅	Mo		03 20	☽⚼♇
	19 45	☽∥♅	B 18		00 41	☽⚼♆	Su		00 26	☉□♇	G		13 52	☽♂♆	B		06 47	♂∠♇
	21 07	☽∥♃	G Sa		03 57	☉⚹♃			01 48	☽□♀	b		13 54	☽∠⊛	b		08 58	ħ∥♅
9	02 55	☽⚼♂	g		04 57	♀∥♇			11 28	☽♂♂	B		20 00	☽♏			14 01	☽⚹ħ	G
Th	04 49	♃⋇			05 04	☽⚹♅	G		14 16	☽⚼♅	D		20 51	☽±♅			17 04	⊙⚼♇
	07 35	☽♂♃	B		05 13	☽⚹♃	G		14 37	☽∥♅			23 56	☽⚼♂	g		21 03	☽⚼♀
	08 59	☽♂♃	B		06 08	☽∥♀			17 25	☽♂♀	B 5		00 41	☽△♇	G 12		00 31	☽⚹♂	g
	09 01	☽△			06 15	☽∥♇	D		20 58	☽∠♃	b Tu		04 08	☽□ħ		Tu	07 23	☽⚼♀	g
	09 55	☽⚼♀	g		07 35	☽♒			22 22	☽∠♅			07 55	☽⊾⊙	G		07 43	☽⚹☉
	11 40	☽⊾⊙	G		12 23	☽□♂	B 27		06 56	☽□♇	b		08 24	☽□♅			20 15	☽□♃	B
	13 26	☽□♇	B		13 12	☽⚼♇	g Mo		08 57	☽⚼♀	b		09 19	☽⚼ħ	g		20 59	☽⚹♅	G
	17 09	☽♂ħ	B		20 09	☽△ħ	G		09 31	☽□☉	b		15 21	☽⚼♃	G 13		00 08	☽□♅	B
	18 42	☽⚼♀	g		21 37	☽□♀	B		09 39	☽△♀	G		15 44	☽⚼⊛	g We		00 09	☽∠♀	b
	19 37	☽⊾♃	G 19		01 04	♃∥♅			15 33	☽△♆	b		17 01	☽⚼♀	B		02 09	☽⚼♅
10	01 16	♂△♆	Su		02 48	♂⚹♇			23 13	☽□♅	B		18 42	☽⚹☉	G		04 17	☽ⴄ
Fr	03 40	☽□♆			06 11	☽□⊙	b	28		01 27	☽⚹♃	G		20 31	☽⚼♅	B		09 57	☽♂♂	D
	08 25	☽∥♂	B		11 07	☽∠♃	b	Tu	03 03	☽⚹♅	G		21 12	☽⚼ħ	B		12 52	☽∠♂	b
	13 18	☽∠♂	b		11 12	☽⚼♅	b		06 10	☽♊			21 51	☽⚼♀	G		21 58	☽□ħ	B
	18 09	☽∠♀	b		13 43	☽▽♆	G		16 27	☽△⊛	G We		02 01	♂⊾ħ		14		00 52	☽∥♀	G
	19 55	☽∥♆	D		15 52	☽∥♅	D		20 16	☽△ħ	G		02 47	☽∥☿	G Th		01 19	☽∠♅	b
11	03 57	☽△♅	G		18 09	☽∥♂	B		20 40	☽⚼♆			07 24	☽∥ħ	B		04 09	☽⚹♀	G
Sa	05 16	☽♂♂	B		19 30	☽∠♇	b	29	15 33	⊙∥♃			08 03	☽∥♅	B		11 42	⊙□♇
	09 21	☽♏			22 07	☽⚼♅	B	Th	02 30	☽□♀	B		13 02	⊙⚼♀			17 57	☽□♀	B
	11 13	☽∥♀	G 20		02 49	☽□ħ	b		05 18	☽∥♀	b		13 20	☽∥♃	G		19 32	☽⚹☿	G
	12 54	☽⚼♀	G Mo		13 09	☽♂♅	D		07 03	☽△♆	G		14 12	☽♂♃	B 15		21 77	☽□⊛	B
	13 59	☽⚹♇			15 23	☽♂♃			08 23	☽∠♇	b		16 43	☽♂♅	B	Fr	05 21	☽⚹♃	G
	15 40	☽∠⊙	b		17 11	☽⚼♃	g		08 43	☽□♃	B		16 59	☽∠♀	b		06 35	☽⚼♀	g
	18 19	☽⚼ħ	g		17 30	☽⚼♅	g		10 37	☽□♅	B		19 40	☽∠♂	b		09 49	☽⚹♅	B
	18 28	☽⚹♀	G		20 15	☽♓			13 46	☽⊛			19 52	☽△			10 35	☽∥♇	D
	23 47	☽∥♇	D 21		01 56	☽⚹♇	G		16 58	♀∥♃			22 59	☽∥☉	G		12 05	☿⚼♂
12	01 54	☿⚼ħ	Tu		04 45	☽△♂	G		18 55	☽♂♇	B 7		23 20	☽□♇	B		12 35	☽∥♂	B
Su	08 52	☽□♅			11 33	☽±♃			OCTOBER	Th		06 08	☽♂♀	B		13 37	♀□♇
	09 55	☽□♃	b		11 36	☽♂♃							09 24	☽♂ħ	B		14 24	☽♒
	10 43	☽⚹♇			11 43	☽⊾♂		1	00 42	⊙♂♂			13 36	☽□♆	b		20 28	☽∥♂	g
	15 25	☽∠♇	b		12 40	⊙±h		Fr	03 40	☽□♅	B		16 12	☽⊾☿		16	09 40	☽△ħ	G
	19 06	☽⚹☉	G		12 51	♂∥♆			03 52	☽♂♆	B		16 53	☽∠♀	b Sa		11 02	☽∠♃	b
	20 09	☽∠ħ	b		13 23	☽△♀	G		09 40	☽△♂	G		18 44	☽♂♆	D		13 37	☽□♀	B
13	06 57	☽□♆	B		16 58	⊙♂♅			09 54	☽□♅	b		19 08	☿∥ħ			15 44	☽∠♅	b
Mo	08 30	♂▽♅			18 42	☽♂♂	B		11 25	☽∠♂			20 40	☽⚼♂	g		20 25	☽∥♅	D
	10 58	☽△♅	G 22		19 11	♂±♅			11 50	☽△♀	G 8		22 55	♀∥♅		17	00 22	♂∥♇
	11 06	☽⚼♀	g We		04 30	☽∥♃	B		12 32	♀▽♅	Fr		07 05	♀Stat		Su	01 05	⊙♂♃
	11 53	☽△♃	G		07 31	☽∥ħ	B		16 45	☽⚼♃	G		07 55	☽∥♆	D		02 41	☽∠♇	b
	12 52	☽✓			09 20	☽⚼⊙	G		22 36	☿⚼♃			11 35	♀♂ħ			11 17	☽□♂	B
	17 52	☽⚼♇	g		11 56	☽∥⊙	G	2	05 55	☿∠♀			13 37	☽△♆	G		14 58	☽△⊛	G
	19 34	☽⚼♀	g		12 54	☽□♂	b Sa		07 14	☽⚼♃			19 52	☽♏			15 56	☽△♀	G
	22 38	☽□♂	B		14 00	☽⚼ħ	B		13 07	☽△♆	G 9		00 40	☽⚹♇			16 17	☽□ħ	b
	23 02	☽⚼♅	G		17 00	☽⚼♅	B		13 18	☽⚼♂	Sa		00 51	☽∥♂	B		17 06	☽⚼♂	g
14	00 19	♂▽♃			21 00	☽□♇	b		14 23	☽⚼♆			10 15	☽⚼ħ			17 41	☽∥⊙	G
Tu	04 33	♇Stat			21 19	☽□♃	G		15 14	☽△♅	G		11 34	☽∥♇	D		18 49	☽♂♃	D
	15 49	☽∠♇	b 23		21 31	☽∠♆	b		15 22	☽▽♅	G		13 12	☽⚼♀	g		20 17	☽∥♀	G
	22 38	♂♏	Th		03 09	☽♒			16 02	☽⚼♇	D		14 03	☽□♃	b		23 42	♀▽♃
15	03 02	☽□♇			05 06	☽♂♃			18 21	☽♓			17 06	☽□♅	B	18	02 52	☽♓
We	05 50	☽□⊙	B		05 52	☽♂♅	B	3	07 26	☽△♀	B		17 35	☽♂♀	D	Mo	09 08	☽⚹♇
	09 48	☿⚹ħ			08 47	☽♈		Su	07 54	☽⚹ħ	G		18 02	☿⊾♂			12 03	☿△♆

	14 12	☉▽♃		We	08 56	☽□♃	B		12 38	☽✶♂	G		13 27	☽∠♂	b	Sa	03 17	☉⊻♀
19	00 09	☽□☉	b		10 30	♄□Ψ			16 40	☽∠☿	b		14 35	☽⊻Ψ	g		05 30	☽♃♀	D
Tu	00 11	☽∥♃	G		11 23	☽□☿	b		23 06	☽□Ψ	b		16 31	☽✶♅	D		08 17	☉∥♇
	01 02	☽△♀	G		11 52	☽△Ψ	G		23 59	☽⊻☉	g		16 32	☽∥♇	D		08 37	☽∠♅	b
	00 11	☽□♀	b		14 19	☽□♅	B	4	00 34	☽♂♄	B		19 57	☽□♀	B		12 28	☽♃☉	G
	07 20	☽∥♄	B		15 45	☿⊻♄		Th	09 37	☉⊻♄			22 32	☽♒			18 53	☿♂♂
	08 36	☽∥♅	B		19 14	☽☺			14 20	☽∠♂		12	00 30	☽∥☉	G		22 06	☽□♇	b
	09 35	☉∥☿		28	01 11	☽♂♇	B		14 47	☉□♅		Fr	01 57	☿⊥♀		21	01 43	☉∠♄
	10 00	☿▽♅		Th	03 35	☽△☉	G		18 26	☽∥Ψ	D		05 43	☽⊻♇	g	Su	04 31	☽✶♃	G
	12 18	☽△Ψ			06 05	☽△♀	G		19 57	☽⊻☉	g		08 21	☽✶☉	G		11 17	☽□Ψ	B
20	01 10	☽♃♅	B		06 47	♂⊻			21 46	☽△♃	G		11 48	♀∥Ψ			12 46	☽✶♅	G
We	02 35	☽♃♄	B		11 22	☿□♅			23 34	☽△Ψ	G		15 23	☽∠♃	b		16 20	☽□♄	B
	03 48	☽△♂	G		14 58	☽□Ψ	b	5	05 42	☽∥☉	G		20 49	☽✶♂	G		17 27	☽♂☉	B
	05 15	☽♂♃	b		15 14	☽□♄	B	Fr	06 16	☽♃			22 01	☽∠♅	b		18 46	☽☿
	06 12	☽□♀	b		18 08	☽△♅	G		07 40	☽∥♀	G		23 50	☽△♄	G	22	06 21	☽♃♂	B
	07 23	☽⊻♅	g		23 05	☽□♂	b		08 24	☽•♀	G	13	02 40	☽∥Ψ	D	Mo	10 15	☉∠
	09 45	☽△♃	G		23 19	☉∥Ψ			11 59	☽⊻♇	G	Sa	03 54	☽∥♀	G		18 32	☽□♀	B
	10 25	☽♂♅	b	29	01 10	☽♂♀			16 13	☽♂♂	b		11 37	☽∠♇	b		20 04	☽△♄	G
	15 23	☽♈		Fr	05 16	☽♃♀	B		19 46	☉∥♀			16 39	☽□☉	B	23	05 22	☽♂♂	B
	19 03	♀⊻♄			14 28	☽△♃	G		20 44	☽♃♃	b		21 21	☽∠♃	b	Tu	08 25	☽♃♂	B
	21 19	☿♏			17 29	♀∥♇			22 53	☽∥♇	D	14	02 10	☽♂Ψ	D		13 39	☽□♃	B
21	21 39	☽□♇	B		19 48	☽△♂	G	6	02 09	☽□♅	b	Su	04 05	☽∠♄	b		18 04	☽△Ψ	G
Th	00 17	☉▽♅			20 05	☽♃♇	D	Sa	02 10	☽⊻♄	g		06 14	☽□♄	b		19 24	☽□♅	B
	01 42	♂±♃			20 23	☽♃♀	G		04 52	☽♂♂	D		06 33	☽△♀	G		21 56	☽△♀	B
	09 25	☽∠♃		30	00 39	☽♀			06 44	☿□Ψ			10 24	☽♈			23 41	☽♃♂	B
	11 35	☽□♂	b	Sa	02 56	☽△♂	G		11 21	☽∥☿	G		17 57	☽✶♇	G	24	01 14	☽☺
	11 38	♀□♃			06 50	☽♃♀	G		12 58	☽∠♄	b	15	02 57	♀∠♂		We	08 24	☽♂♀	B
	11 46	☽♂♇	B		08 49	☽□♇	B		13 43	♀⊥♂		Mo	04 12	☽∥♃	G		20 46	☽□Ψ	b
	13 15	☽∠Ψ	b		12 46	☽□☉	B		21 47	☽△♃	G		05 00	☽□☉	B	25	02 05	☽□♄	B
	15 10	♂∠♄			16 25	☽□♀	b		23 36	☽∥♂	B		05 58	♂✶♄		Th	09 02	☽♃♅	G
	23 32	☽♃☉	G		20 15	☽✶♄	G	7	00 15	☉△♅	B		08 19	☽∥♄	B		10 01	☽♃☉
22	04 51	☽♃☉	G		21 44	☽□♅	b	Su	01 29	☽□Ψ	B	16	12 29	☽□♀	b		14 18	☿□♃
Fr	12 29	☽♃♅	D		22 29	☽♃☉			02 31	☽∠♄			13 15	☽□♂	b		18 50	☽△♃	D
	15 35	♂□Ψ	B	31	05 13	☽♃♀	D		03 21	☽△♄	b		13 57	☽∥♅	G		23 58	☽♃♇	B
	16 13	☽⊻♃	g	Su	08 14	☽□♇	b		03 37	☽∠♄	b		23 44	☉△♃	B	26	00 18	☽△♃	B
	18 41	☽✶♅	G		18 35	☉⊥♄			06 05	Ψ♈		16	09 16	☽♃♅	B	Fr	03 44	☽□♀	B
	19 38	☿±♅			21 01	☽♂Ψ	B		08 20	☽⊥♇		Tu	09 55	☽♂♃	G		06 01	☽♀
	21 31	☽⊻♅	g		21 56	☽∠♄	b		08 27	☽♈			10 52	☽△☉	G		11 23	☉⊻♇
	23 30	☿±♅			22 15	♀∥♀			09 01	☽♃♇	g		11 17	♂♀Ψ			13 15	☽△☉	G
23	01 37	☽♃♇	B						14 33	☽⊻♇	g		14 50	☽⊻Ψ	g		17 20	☽□♃	b
Sa	02 30	☽♀			NOVEMBER				21 42	☿♃♂	B		16 01	☽∥♇	D		20 55	☽□♇	b
	08 40	☽△♇	B	1	03 51	☽♏		8	03 06	♀±			16 37	☽♃♄	B		23 65	☽□♀	b
	10 37	☽♃♇	B	Mo	08 45	☽∥♂	B	Mo	05 48	☽✶♄	G		18 57	☽♃♃	G	27	02 16	☽♃♅
	12 35	☉♏			08 57	☽♃♀			10 21	☽∠♃	b		22 59	♀♈		Sa	06 22	☽♃Ψ	D
	19 07	☽♃♀	B		09 30	☽△♇	G		12 20	☽⊻☉	g	17	06 35	☽□♇	B		06 36	☽✶♅
	21 03	☽∠♃	b		09 40	☽✶♀	G		19 16	☽⊻☉	G	We	15 19	☿∠♀			10 33	☉⊥♀	G
	21 40	☽∠♅	D		13 01	☉♃♅			23 07	♀±♃			19 36	☽♃☉			13 13	☽✶Ψ
24	02 24	☽∠♅	b		13 37	♀✶♇			23 43	☽∠♀			20 47	☽∠Ψ	b		15 00	☽♃♀	b
Su	02 57	☉±♃			19 16	☽♃♇	G	9	02 03	☽□♃	B	18	01 25	☽△♀	G		17 55	☿♃♄
	07 18	☽♃♂	B		19 16	☽✶☉	G	Tu	06 09	☽✶Ψ	G	Th	01 30	☽♂♄	B		19 40	☽♃♀	G
	08 51	♂⊥♅			19 23	☽♃♃	B		08 04	☽□♃	B		02 09	☿✶♄			20 34	☽△♂	G
	11 51	☽♃♀	G		23 07	☽∠♄	g		12 35	☽✶♀			05 15	☽△♂	G	28	02 27	☽□♃
	13 29	☽□♇	b		23 32	♀±♅			13 36	☽♈			09 54	☉□Ψ	B	Su	02 49	☽♂♀	B
	14 56	♂△♅	G	2	00 11	☽⊻♅			15 24	☽⊻☉	g		10 47	☽♃♀			04 05	☽△♀	b
25	01 27	☽✶♅	G	Tu	00 22	☽♃♄	B		17 41	☽∠♇	b		12 35	☽∠☉	b		08 25	☽∠♄	b
Mo	03 39	☽♃♄	B		03 13	☽♃♅	B		20 14	☽♂♇	D		16 53	♃Stat			08 30	☽✶♀	G
	04 11	☽□Ψ	B		09 31	☽∠♀	b	10	05 07	☽✶☉			19 45	☽♃♅	D		09 34	☽♏
	06 50	☽✶♅	B		13 18	☽✶☉	G	We	07 55	☽∥☉	G		21 18	♀Stat			20 36	☽△♇	G
	07 49	☽♃♂	B		14 42	☿∥♇			09 53	☽∠♀	b	19	21 27	☽⊻♃	g		22 46	☽□☉	B
	11 47	☽♒			18 02	☽∥♅	B		10 31	☽∥♇	D		02 14	☽✶♅	G	Mo	01 37	☽♃♄	B
	13 17	♀♃♂			19 24	☽♂♃	B		12 57	☽□♅	B	Fr	03 52	☽✶♅	g		02 ±♃
	14 01	☿∥♂			20 59	☽∥♄	B		23 14	☽△♇	G		05 33	☽♃♀	B		08 06	☽✶♅	B
26	08 00	☽∥♄	G		21 44	☽∠♏	b	11	00 16	☽⊻☉	G		05 57	☉△♅			10 00	☽♈
Tu	15 59	☽□♃	B	3	00 36	☽♃♀	B	Th	02 44	☉⊥♄			10 04	☽♀			10 36	☽♃♀	g
	19 01	☉✶♅		We	01 52	☽∥♃			03 28	☉⊥♇			10 32	☽□♃	b		14 51	♂□♃
	20 30	☉±♅			09 ♈				09 17	☽∠♇			12 21	☽□♏	b	30	00 18	☿♏
	21 59	☽□☉	b		09 08	☽⊻♃	g		10 03	☽□☿			17 33	☽△♀	G	Tu	00 42	☽∥♅	B
27	04 00	☽□♀	b		10 54	☽□♇	B		10 17	☿⊻♏		20	02 23	☽∠♃	b		01 41	☽♃♃	B

	02 15	☽□♂	B
	06 41	☽☍♅	B
	07 20	☽∥♄	B
	08 00	☽∥♃	G
	11 17	☽□☿	B
	12 15	☽♎	
	12 36	☽⚺♀	g
	19 22	☽□♇	B
DECEMBER			
1 We	00 10	☿♑	
	03 03	☽✱☉	G
	06 52	☽⚼♆	b
	12 38	☽∥♀	G
	12 48	☽☌♄	B
	16 34	☿✱♀	
2 Th	01 50	☽∥♆	D
	06 12	☽∠☉	b
	07 30	☽✱♂	G
	08 08	☽△♆	G
	14 44	☽♏	
	16 43	☽☌♀	G
	17 40	☽✱☿	G
	19 39	♂✱♆	
	22 00	☽✱♇	G
3 Fr	05 43	☽⚼♃	b
	07 52	☽∥♇	D
	09 33	☽⚺☉	g
	10 12	♃∥♄	
	10 19	☽∠♂	b
	10 31	☽⚼♅	b
	14 01	♂□♅	
	15 50	☽⚺♄	g
	18 05	♂Q♄	
	20 54	☽∠☿	b
	23 36	☽∠♇	b
4 Sa	07 27	☽△♃	G
	10 27	☽∥☉	G
	11 17	☽□♆	B
	12 13	☽△♅	G
	13 30	☽⚺♂	g
	17 47	☽∠♄	b
	17 59	☽♐	
	22 00	☽⚺♀	g
5 Su	00 24	☽⚺☿	g
	01 36	☽⚺♇	g
	14 03	♀±♅	
	17 36	☽☌☉	D
	20 16	☽✱♄	G
6 Mo	01 20	☿☌♇	
	01 32	☽∠♀	b
	01 50	♅Stat	
	09 40	☉Q♆	
	12 27	☽□♃	B
	16 17	☽✱♆	G
	17 13	☽□♅	B
	21 46	☽•♂	B
	23 16	☽♑	
7 Tu	05 53	☽✱♀	G
	07 24	☽☌♇	D
	08 00	☉✱♄	
	08 41	☽☌☿	G
	14 51	☽∥☉	G
	19 51	☽∠♆	b
	23 49	♂♑	
8 We	03 17	☽□♄	B
	04 49	☽⚺☉	g
	16 19	♀✱♇	
	20 21	☽✱♃	G
9 Th	00 12	☽⚺♆	g
	00 25	☽∥♇	D
	01 07	☽✱♅	G
	07 30	☽♒	
	09 34	☽⚺♂	g
	11 57	☽∠☉	b
	16 17	☽⚺♇	g
	17 31	☽□♀	B
	18 55	☽⚺☿	g
10 Fr	01 31	☽∠♃	b
	03 51	☿∥♂	
	06 15	☽∠♅	b
	11 09	☽∥♆	D
	12 03	☿Stat	
	13 29	☽△♄	G
	16 51	☽∠♂	b
	20 02	☽✱☉	G
	21 01	☿✱♀	
	21 51	☽∠♇	b
	22 28	☽∥♀	G
11 Sa	00 30	☽∠☿	b
	07 23	☽⚺♃	g
	11 09	☽☌♆	D
	12 02	☽⚺♅	g
	18 41	☽♓	
	19 35	☽⚼♄	b
12 Su	00 50	☽✱♂	G
	03 58	☽✱♇	G
	06 04	☽✱☿	G
	08 39	☽△♀	G
	11 36	☽∥♄	B
	14 12	☽∥♃	G
	21 18	☽∥♅	B
13 Mo	13 59	☽□☉	B
	16 54	☽⚼♀	b
	17 07	☽⋕♅	B
	20 16	☽☌♃	G
	23 46	☽⚺♆	g
	23 59	☽⋕♃	G
14 Tu	00 35	☽☌♅	B
	03 02	☽⋕♄	B
	04 05	☿☌♇	
	04 10	☿☌♂	
	04 15	♂☌♇	
	04 52	☉∥☿	
	07 15	☽♈	
	15 57	☽□☿	B
	16 43	☽□♇	B
	17 32	☽□♂	B
15 We	05 58	☽∠♆	b
	14 44	☽☍♄	B
	20 06	☽⋕♀	G
16 Th	03 10	☽⋕♆	D
	05 02	♀⚼♃	
	07 32	☽△☉	G
	08 37	☽⚺♃	g
	11 41	☽✱♆	G
	12 25	☽⚺♅	g
	18 49	☽♉	
	21 47	☉□♃	
	22 52	☽△☿	G
17 Fr	04 07	☽△♇	G
	08 34	☽△♂	G
	13 54	☽∠♃	b
	14 14	☽⋕♇	D
	15 12	☽⚼☉	b
	15 49	☽☍♀	B
	17 24	☽∠♅	b
18 Sa	01 03	☽⚼☿	b
	08 45	☽⚼♇	b
	10 29	☉✱♆	
	14 48	☽⚼♂	b
	14 53	☿♐	
	14 59	☽⋕☿	G
	17 09	♀⚼♅	
	18 24	☽✱♃	G
	18 48	☉□♅	
	20 58	☽□♆	B
	21 37	☽✱♅	G
19 Su	01 05	☉∠♀	
	03 37	☽♊	
	05 24	☽⚼♄	b
	10 23	☽⋕☉	G
20 Mo	00 16	☽⋕♂	B
	00 51	☉Q♄	
	01 23	☉☌☿	
	01 44	☿Q♄	
	03 34	☿∠♀	
	08 42	☽△♄	G
	23 30	☿□♅	
21 Tu	01 01	☽□♃	B
	02 23	☽⋕♂	B
	03 09	☽△♆	G
	03 19	☽☍☿	B
	03 43	☽□♅	B
	05 03	☿✱♆	
	07 25	☽⚼♀	b
	08 13	☽☍☉	B
	09 22	☽♋	
	13 43	☽⋕☉	G
	18 00	☽☍♇	B
	23 38	☉♑	
22 We	00 59	☿□♃	
	04 06	☽☍♂	B
	05 16	☽⚼♆	b
	06 22	♀∥♆	
	11 05	☽△♀	G
	13 19	☽□♄	B
	17 52	☽⋕☿	G
23 Th	01 58	♂∠♆	
	05 11	☽△♃	G
	06 29	☽⋕♇	D
	07 25	☽△♅	G
	12 51	☽♌	
24 Fr	01 43	♀⚺♄	
	02 11	☽⚼☿	b
	06 42	☽⚼♃	b
	08 45	☽⚼♅	b
	10 08	☿⊥♀	
	10 52	☽⋕♀	G
	13 10	☽⋕♆	D
	16 16	☽✱♄	G
	17 10	☽□♀	B
	18 53	☽⚼☉	b
	22 37	☽⚼♇	b
25 Sa	01 45	☽△☿	G
	09 28	☽☍♆	B
	12 30	☽⚼♂	b
	15 14	☽♍	
	17 30	☽∠♄	b
	21 56	☽△☉	G
	23 48	☽△♇	G
26 Su	01 57	♂Q♃	
	04 06	☽⋕♄	B
	09 54	☽⋕♃	G
	13 37	☽⋕♅	B
	15 04	☽△♂	G
	18 44	☽⚺♄	g
	22 49	☽✱♀	G
27 Mo	01 04	☉☌♇	
	01 36	☽□☿	B
	05 29	☽∥♅	B
	09 02	☽∥♃	G
	10 49	☽☍♃	B
	11 06	♂Q♅	
	12 20	☽☍♅	B
	15 11	☽∥♄	B
	17 38	☽♎	
28 Tu	01 52	☽∠♀	b
	02 25	☽□♇	B
	04 18	☽□☉	B
	04 53	☿⚺♀	
	10 33	♀∠♇	
	13 22	☽⚼♆	b
	20 42	☽□♂	B
	21 40	☽☌♄	B
29 We	03 11	☽✱☿	G
	05 13	☽⚺♀	g
	06 30	☽∥♆	D
	14 51	☽∥♀	G
	15 05	☽△♆	G
	15 29	♂□♄	
	20 49	☽♏	
30 Th	04 49	☽∠☿	b
	05 56	☽✱♇	G
	07 22	☿Stat	
	11 51	☽✱☉	G
	14 18	☽∥♇	D
	16 34	☽⚼♃	b
	17 32	☽⚼♅	b
	23 08	☽∥☿	G
31 Fr	00 11	♀⊥♄	
	01 44	☽⚺♄	g
	03 39	☽✱♂	G
	07 08	☽⚺☿	g
	08 12	☽∠♇	b
	13 11	☽☌♀	G
	16 16	☽∠☉	b
	19 11	☽△♃	G
	19 33	☽□♆	B
	19 57	☽△♅	G

Note: The Distances Apart are in Declination

JANUARY

1	08 35	☽☍☿	1 57
3	08 08	☽☌♂	5 59
3	18 12	☽☍♆	3 10
3	21 55	☽☍♃	3 48
4	19 06	☉☌☿	2 41
5	10 39	☿☌♀	3 26
5	17 25	☽☍♅	4 59
6	12 54	☽☌♄	6 47
11	21 06	☉☌♀	0 49
13	12 23	☽☌♇	6 40
13	16 35	☽☌☿	4 34
15	07 11	☽ • ●	0 21
15	09 02	☽☌♀	1 21
16	23 13	☽☍♂	6 10
17	20 22	☽☌♆	3 11
18	06 22	☽☌♃	3 59
20	06 06	☽☌♅	4 59
21	03 42	☽☍♄	6 51
27	05 29	♀☍♂	3 08
27	20 56	☽☍♇	6 37
28	12 21	☽☍☿	1 32
29	19 43	☉☍♂	4 21
30	05 20	☽☌♂	5 59
30	06 18	☽☍☉	1 40
30	13 49	☽☍♀	3 18
31	06 27	☽☍♆	3 13
31	18 19	☽☍♃	4 09

FEBRUARY

2	04 17	☽☍♅	4 59
2	20 48	☽☌♄	6 52
8	05 44	♀☌♆	0 57
9	19 58	☽☌♇	6 33
12	04 39	☽☌☿	2 09
12	09 01	☽☍♂	5 30
13	10 25	☿☍♂	3 02
14	02 51	☽☌☉	2 47
14	04 33	☽☌♆	3 14
14	20 54	☽☌♀	4 41
14	23 19	☉☌♆	0 24
15	01 32	☽☌♃	4 19
16	14 32	☽☌♅	4 57
17	02 14	♀☌♃	0 30
17	07 39	☽☍♄	6 50
24	07 53	☽☍♇	6 27
26	03 14	☽☌♂	4 56
27	14 03	☿☌♆	1 36
27	19 35	☽☍♆	3 17
27	20 15	☽☍☿	4 55
28	10 44	☉☌♃	0 52
28	16 20	☽☍♃	4 30
28	16 38	☽☍☉	3 38

MARCH

1	12 32	☽☍♀	5 26
1	17 36	☽☍♅	4 57
2	05 01	☽☌♄	6 49
4	04 07	♀☌♅	0 34
8	01 45	☿☌♃	1 00
9	03 33	☽☌♇	6 21
9	08 21	♀☍♄	1 13
11	06 19	☽☍♂	4 28
13	12 57	☽☌♆	3 20
14	13 16	☉☌☿	1 24
14	21 17	☽☌♃	4 40
15	21 01	☽☌☉	4 14
15	21 40	☿☌♅	0 36
15	23 38	☽☌♅	4 56
16	00 01	☽☌☿	5 32
16	09 55	☽☍♄	6 46
17	06 08	☽☌♀	5 33
17	06 50	☉☌♅	0 40
18	11 04	☿☍♄	1 23
22	00 37	☉☍♄	2 21
23	15 38	☽☍♇	6 12
25	12 15	☽☌♂	4 13
27	07 04	☽☍♆	3 26
28	13 30	☽☍♃	4 51
29	06 55	☽☍♅	4 59
29	12 29	☽☌♄	6 46
30	02 25	☽☍☉	4 34
31	06 27	☽☍☿	3 25
31	12 13	☽☍♀	5 04

APRIL

5	11 42	☽☌♇	6 06
7	22 02	☽☍♂	4 08
9	21 44	☽☌♆	3 33
11	17 13	☽☌♃	5 03
12	09 40	☽☌♅	5 02
12	12 51	☽☍♄	6 45
14	12 29	☽☌☉	4 36
15	21 55	☽☌☿	1 21
16	10 39	☽☌♀	3 51
19	21 05	☽☍♇	5 58
22	07 18	☽☌♂	4 13
23	15 35	☽☍♆	3 41
25	08 02	☽☍♃	5 15
25	18 08	☽☍♅	5 07
25	18 21	☽☌♄	6 47
26	23 23	♄☍♅	1 40
28	12 18	☽☍☉	4 22
28	12 48	☽☍☿	3 24
28	16 44	☉☌☿	0 55
30	14 22	☽☍♀	2 15

MAY

2	20 04	☽☌♇	5 54
6	02 23	☽☍♂	4 22
7	06 36	☽☌♆	3 48
9	12 32	☽☌♃	5 26
9	17 58	☽☍♄	6 48
9	20 12	☽☌♅	5 12
12	11 46	☽☌☿	6 55
14	01 04	☽☌☉	3 47
16	10 15	☽ • ♀	0 05
17	02 25	☽☍♇	5 51
20	08 51	☽☌♂	4 35
20	21 43	☽☍♆	3 55
22	23 09	☽☍♃	5 36
22	23 14	☽☌♄	6 50
23	02 34	☽☍♅	5 18
23	05 36	♃☍♄	1 14
24	03 15	♀☍♇	6 50
25	23 15	☽☍☿	7 41
27	23 07	☽☍☉	2 59
30	03 49	☽☌♇	5 49
30	19 23	☽☍♀	1 53

JUNE

3	13 42	☽☍♂	4 48
3	14 56	☽☌♆	4 00
4	17 52	♂☍♆	0 49
6	01 36	☽☍♄	6 52
6	05 49	☽☌♃	5 46
6	06 19	☽☌♅	5 23
8	11 27	♃☌♅	0 24
11	00 31	☽☌☿	5 06
12	11 15	☽☌☉	1 51
13	09 17	☽☍♇	5 50
15	05 35	☽☌♀	3 38
17	03 24	☽☍♆	4 02
17	14 53	☽☌♂	4 59
19	05 04	☽☌♄	6 52
19	09 03	☽☍♅	5 26
19	10 55	☽☍♃	5 53
25	18 55	☉☍♇	5 07
26	05 41	☽☍☿	0 01
26	10 12	☽☌♇	5 51
26	11 30	☽ • ☉	0 40
27	07 15	☿☍♇	6 11
28	12 07	☉☌☿	1 13
30	01 14	☽☍♀	4 43
30	22 03	☽☌♆	4 03

JULY

2	04 44	☽☍♂	5 07
3	11 17	☽☍♄	6 51
3	14 55	☽☌♅	5 27
3	19 17	☽☌♃	5 59
8	23 55	♀☍♆	0 59
10	17 52	☽☍♇	5 51
11	19 40	☽ • ●	0 41
12	22 49	☽☌☿	3 48
14	10 23	☽☍♆	4 02
14	21 14	☽☌♀	5 06
16	00 31	☽☌♂	5 10
16	13 46	☽☌♄	6 49
16	15 19	☽☍♅	5 27
16	19 58	☽☍♃	6 02
23	15 18	☽☌♇	5 50
26	01 37	☽☍☉	1 50
26	10 03	☿☍♆	0 04
26	17 07	♄☍♅	1 21
28	03 46	☽☌♆	4 00
28	09 19	☽☍☿	3 47
30	03 44	☽☍♀	4 46
30	13 31	♂☍♅	0 16
30	21 23	☽☌♅	5 24
30	21 49	☽☍♂	5 08
30	22 16	☽☍♄	6 45
31	03 21	☽☌♃	6 03
31	08 07	♂☌♄	1 37

AUGUST

4	04 20	♂☍♃	0 57
7	03 10	☽☍♇	5 47
7	07 59	♀☍♅	1 05
8	17 24	♀☌♄	2 31
9	23 40	♀☍♃	1 57
10	03 08	☽☌☉	2 54
10	19 10	☽☍♆	3 58
12	00 04	☽☌☿	1 59
12	22 46	☽☍♅	5 22
13	02 01	☽☌♄	6 42
13	03 06	☽☍♃	6 04
13	08 58	☽☌♀	3 50
13	13 21	☽☌♂	5 01
16	20 45	♃☍♄	0 38
19	20 02	☽☌♇	5 42
20	10 07	☉☍♆	0 27
20	18 49	♀☌♂	1 48
24	08 29	☽☌♆	3 56
24	17 05	☽☍☉	3 41
26	02 04	☽☍☿	0 09
27	02 00	☽☌♅	5 18
27	05 51	☽☌♃	6 02
27	10 03	☽☍♄	6 38
28	16 09	☽☍♂	4 45
28	20 55	☽☍♀	2 09

SEPTEMBER

3	11 47	☽☍♇	5 33
3	12 35	☉☌☿	3 36
7	04 52	☽☍♆	3 56
7	21 13	☽☌☿	1 24
8	10 30	☽☌☉	4 15
9	07 35	☽☍♅	5 16
9	08 59	☽☍♃	6 01
9	17 09	☽☌♄	6 36
11	05 16	☽☌♂	4 25
11	12 54	☽ • ♀	0 18
16	01 52	☽☌♇	5 24
19	01 04	♃☌♅	0 45
20	13 09	☽☌♆	3 58
21	11 36	☉☍♃	1 28
21	16 58	☉☍♅	0 43
21	18 42	☽☍☿	5 09
23	05 06	☽☌♃	5 59
23	05 52	☽☌♅	5 14
23	09 17	☽☍☉	4 32
23	22 31	☽☍♄	6 34
26	11 28	☽☍♂	3 53
26	17 25	☽☍♀	1 51
30	18 55	☽☍♇	5 10

OCTOBER

1	00 42	☉☌♄	1 59
1	22 36	☿☍♃	0 16
2	14 23	☿☍♅	1 01
3	21 58	♀☌♂	6 13
4	13 52	☽☍♆	4 02
6	14 12	☽☍♃	5 59
6	16 43	☽☍♅	5 16
7	06 08	☽☌☿	6 10
7	09 24	☽☌♄	6 35
7	18 44	☽☌☉	4 34
8	11 35	☿☌♄	0 29
9	17 35	☽☌♀	3 02
10	00 06	☽☌♂	3 18
13	09 57	☽☌♇	5 00
17	01 05	☉☌☿	0 49
17	18 49	☽☌♆	4 07
20	05 15	☽☌♃	5 58
20	10 25	☽☌♅	5 17
21	11 46	☽☍♄	6 37
23	01 37	☽☍☉	4 17
23	10 37	☽☍☿	4 18
23	19 07	☽☍♀	2 27
25	07 49	☽☍♂	2 27

DISTANCES APART OF ALL ☌s AND ☍s IN 2010

Note: The Distances Apart are in Declination

25	13 17	☿ ☌ ♀	6 08	14	02 10	☽ ☌ ♆	4 19	DECEMBER				14	04 15	♂ ☌ ♇	5 26
28	01 11	☽ ☍ ♇	4 47	16	09 55	☽ ☌ ♃	6 01					15	14 44	☽ ☍ ♄	6 54
29	01 10	☉ ☌ ♀	5 38	16	16 37	☽ ☌ ♅	5 25	1	12 48	☽ ☌ ♄	6 50	17	15 49	☽ ☍ ♀	6 48
31	21 01	☽ ☍ ♆	4 13	18	01 30	☽ ☍ ♄	6 45	2	16 43	☽ ☌ ♀	5 44	20	01 23	☉ ☌ ☿	2 02
NOVEMBER				19	05 33	☽ ☍ ♀	3 30	5	17 36	☽ ☌ ☉	1 43	21	03 19	☽ ☍ ☿	2 53
				20	18 53	☿ ☌ ♂	1 39	6	01 20	☿ ☌ ♇	6 21	21	08 13	◗●☉	0 19
2	19 24	☽ ☍ ♃	6 00	21	17 27	☽ ☍ ☉	2 49	6	21 46	☽ ● ♂	0 32	21	18 00	☽ ☍ ♇	4 19
3	00 36	☽ ☍ ♅	5 21	23	05 22	☽ ☍ ♂	0 30	7	07 24	☽ ☌ ♇	4 24	22	04 06	☽ ☍ ♂	1 41
4	00 34	☽ ☌ ♄	6 41	23	08 25	☽ ☍ ☿	1 21	7	08 41	☽ ☌ ☿	1 48	25	09 28	☽ ☍ ♆	4 28
5	08 24	☽ ● ♀	0 09	24	08 24	☽ ☍ ♇	4 29	11	11 09	☽ ☌ ♆	4 27	27	01 04	☉ ☌ ♇	4 31
6	04 52	☽ ☌ ☉	3 45	28	02 49	☽ ☍ ♆	4 24	13	20 16	☽ ☌ ♃	6 02	27	10 49	☽ ☍ ♃	6 00
7	03 44	☽ ☌ ☿	1 35	30	01 41	☽ ☍ ♃	6 02	14	00 35	☽ ☌ ♅	5 30	27	12 20	☽ ☍ ♅	5 30
7	21 42	☽ ☌ ♂	1 36	30	06 41	☽ ☍ ♅	5 28	14	04 05	☿ ☌ ♇	4 24	28	21 40	☽ ☌ ♄	6 57
9	20 14	☽ ☌ ♇	4 38					14	04 10	☿ ☌ ♂	1 03	31	13 11	☽ ☌ ♀	6 39

PHENOMENA IN 2010

d h	JANUARY
1 21	☽ in Perigee
3 01	⊕ in perihelion
5 11	☽ Zero Dec.
12 09	☽ Max. Dec.25°S48′
15 07	● Annular eclipse
17 02	☽ in Apogee
19 22	☽ Zero Dec.
24 13	♀ in aphelion
26 21	☽ Max. Dec.25°N47′
27 05	☿ Gt.Elong. 25 ° W.
30 09	☽ in Perigee
	FEBRUARY
1 21	☽ Zero Dec.
3 03	☿ ☋
8 14	☽ Max. Dec.25°S45′
13 02	☽ in Apogee
13 12	☿ in aphelion
16 04	☽ Zero Dec.
23 06	☽ Max. Dec.25°N39′
27 22	☽ in Perigee
	MARCH
1 08	☽ Zero Dec.
7 21	☽ Max. Dec.25°S34′
12 10	☽ in Apogee
15 10	☽ Zero Dec.
20 18	☉ enters ♈,Equinox
22 12	☽ Max. Dec.25°N25′
24 19	☿ ☊
28 05	☽ in Perigee
28 19	☽ Zero Dec.
29 11	☿ in perihelion
30 23	♂ in aphelion
	APRIL
4 05	☽ Max. Dec.25°S19′
8 23	☿ Gt.Elong. 19 ° E.
9 03	☽ in Apogee
11 17	☽ Zero Dec.
13 01	♀ ☊
18 17	☽ Max. Dec.25°N11′
24 21	☽ in Perigee
25 03	☽ Zero Dec.

d h	MAY
1 14	☽ Max. Dec.25°S07′
2 02	☿ ☋
6 22	☽ in Apogee
9 00	☽ Zero Dec.
12 11	☿ in aphelion
15 23	☽ Max. Dec.25°N03′
16 23	♀ in perihelion
20 09	☽ in Perigee
22 08	☽ Zero Dec.
26 02	☿ Gt.Elong. 25 ° W.
28 22	☽ Max. Dec.25°S02′
	JUNE
3 17	☽ in Apogee
5 08	☽ Zero Dec.
12 07	☽ Max. Dec.25°N02′
15 15	☽ in Perigee
18 13	☽ Zero Dec.
20 19	☿ ☊
21 11	☉ enters ♋,Solstice
25 05	☽ Max. Dec.25°S02′
25 11	☿ in perihelion
26 11	◗ Partial eclipse
	JULY
1 10	☽ in Apogee
2 15	☽ Zero Dec.
6 11	⊕ in aphelion
9 17	☽ Max. Dec.25°N03′
11 20	● Total eclipse
13 11	☽ in Perigee
15 20	☽ Zero Dec.
22 11	☽ Max. Dec.25°S02′
29 00	☽ in Apogec
29 02	☿ ☋
29 22	☽ Zero Dec.
	AUGUST
2 15	♀ ☋
6 03	☽ Max. Dec.24°N59′
7 01	☿ Gt.Elong. 27 ° E.
8 10	☿ in aphelion
10 18	☽ in Perigee
12 05	☽ Zero Dec.
18 17	☽ Max. Dec.24°S56′
20 04	♀ Gt.Elong. 46 ° E.
25 06	☽ in Apogee
26 05	☽ Zero Dec.

d h	SEPTEMBER
2 11	☽ Max. Dec.24°N49′
6 06	♀ in aphelion
6 23	♂ ☋
8 04	☽ in Perigee
8 16	☽ Zero Dec.
15 00	☽ Max. Dec.24°S43′
16 18	☿ ☊
19 17	☿ Gt.Elong. 18 ° W.
21 08	☽ in Apogee
21 10	☿ in perihelion
22 11	☽ Zero Dec.
23 03	☉ enters ♎,Equinox
29 18	☽ Max. Dec.24°N33′
	OCTOBER
6 02	☽ Zero Dec.
6 14	☽ in Perigee
12 08	☽ Max. Dec.24°S27′
18 18	☽ in Apogee
19 17	☽ Zero Dec.
25 01	☿ ☋
26 23	☽ Max. Dec.24°N20′
	NOVEMBER
2 11	☽ Zero Dec.
3 17	☽ in Perigee
4 09	☿ in aphelion
8 17	☽ Max. Dec.24°S17′
15 12	☽ in Apogee
16 00	☽ Zero Dec.
23 04	☽ Max. Dec.24°N14′
23 18	♀ ☊
29 16	☽ Zero Dec.
30 19	☽ in Perigee
	DECEMBER
1 16	☿ Gt.Elong. 21 ° E.
6 02	☽ Max. Dec.24°S14′
13 07	☽ Zero Dec.
13 09	☽ in Apogee
13 17	☿ ☊
18 09	☿ in perihelion
20 13	☽ Max. Dec.24°N14′
21 08	◗ Total eclipse
22 00	☉ enters ♑,Solstice
25 12	☽ in Perigee
26 22	☽ Zero Dec.
27 16	♀ in perihelion

LOCAL MEAN TIME OF SUNRISE FOR LATITUDES
60° North to 50° South
FOR ALL SUNDAYS IN 2010 (ALL TIMES ARE A.M.)

Date	LON-DON	60°	55°	50°	40°	30°	20°	10°	0°	10°	20°	30°	40°	50
				NORTHERN LATITUDES							SOUTHERN LATITUDES			
	H M	H M	H M	H M	H M	H M	H M	H M	H M	H M	H M	H M	H M	H M
2009 Dec. 27	8 6	9 4	8 25	7 58	7 21	6 55	6 33	6 15	5 58	5 40	5 21	4 59	4 31	3 51
2010 Jan 3	8 6	9 2	8 25	7 59	7 22	6 57	6 36	6 18	6 1	5 44	5 25	5 4	4 37	3 58
,, 10	8 3	8 55	8 21	7 56	7 22	6 57	6 38	6 20	6 4	5 48	5 30	5 10	4 44	4 6
,, 17	7 58	8 45	8 14	7 51	7 19	6 57	6 38	6 22	6 7	5 51	5 35	5 15	4 51	4 17
,, 24	7 50	8 32	8 4	7 44	7 15	6 54	6 38	6 23	6 9	5 55	5 39	5 22	4 59	4 28
,, 31	7 40	8 17	7 53	7 35	7 10	6 51	6 36	6 23	6 10	5 57	5 44	5 28	5 8	4 40
Feb 7	7 29	7 59	7 40	7 25	7 3	6 46	6 33	6 22	6 11	6 0	5 48	5 34	5 16	4 52
,, 14	7 16	7 41	7 25	7 13	6 54	6 41	6 30	6 20	6 11	6 1	5 51	5 40	5 25	5 5
,, 21	7 2	7 22	7 9	6 59	6 45	6 34	6 26	6 18	6 10	6 3	5 54	5 45	5 33	5 17
,, 28	6 47	7 1	6 52	6 45	6 35	6 27	6 21	6 15	6 9	6 3	5 57	5 50	5 41	5 29
Mar. 7	6 32	6 41	6 35	6 31	6 24	6 19	6 15	6 11	6 8	6 4	6 0	5 55	5 49	5 40
,, 14	6 16	6 20	6 18	6 16	6 13	6 11	6 9	6 8	6 6	6 4	6 2	5 59	5 56	5 52
,, 21	6 0	5 58	6 0	6 1	6 2	6 3	6 3	6 4	6 4	6 4	6 4	6 4	6 4	6 3
,, 28	5 44	5 37	5 42	5 45	5 50	5 54	5 57	5 59	6 2	6 4	6 6	6 8	6 11	6 14
Apr. 4	5 28	5 16	5 24	5 30	5 39	5 46	5 51	5 55	6 0	6 4	6 8	6 12	6 18	6 25
,, 11	5 13	4 55	5 7	5 15	5 28	5 38	5 45	5 52	5 58	6 3	6 10	6 16	6 25	6 36
,, 18	4 58	4 34	4 49	5 1	5 18	5 30	5 40	5 48	5 56	6 4	6 12	6 21	6 32	6 47
,, 25	4 43	4 14	4 33	4 47	5 8	5 23	5 35	5 45	5 54	6 4	6 14	6 25	6 39	6 57
May 2	4 30	3 55	4 18	4 35	4 59	5 16	5 30	5 42	5 53	6 5	6 16	6 30	6 46	7 8
,, 9	4 18	3 37	4 3	4 23	4 51	5 11	5 27	5 40	5 53	6 6	6 19	6 34	6 53	7 18
,, 16	4 7	3 20	3 51	4 13	4 44	5 6	5 24	5 39	5 53	6 7	6 22	6 38	6 59	7 28
,, 23	3 57	3 5	3 40	4 4	4 38	5 2	5 21	5 38	5 53	6 8	6 24	6 43	7 5	7 37
,, 30	3 50	2 52	3 31	3 57	4 34	5 0	5 20	5 38	5 54	6 10	6 27	6 47	7 11	7 45
June 6	3 45	2 43	3 24	3 53	4 32	4 59	5 20	5 38	5 55	6 12	6 30	6 50	7 16	7 52
,, 13	3 43	2 37	3 21	3 51	4 31	4 58	5 20	5 39	5 56	6 14	6 32	6 53	7 20	7 57
,, 20	3 43	2 36	3 21	3 51	4 31	4 59	5 21	5 40	5 58	6 15	6 34	6 55	7 22	8 0
,, 27	3 45	2 39	3 23	3 53	4 33	5 1	5 23	5 42	5 59	6 17	6 35	6 56	7 23	8 0
July 4	3 49	2 46	3 28	3 57	4 36	5 4	5 25	5 44	6 1	6 18	6 36	6 57	7 22	7 59
,, 11	3 56	2 56	3 36	4 3	4 41	5 7	5 28	5 45	6 2	6 18	6 36	6 56	7 20	7 55
,, 18	4 4	3 10	3 46	4 11	4 46	5 11	5 30	5 47	6 3	6 18	6 35	6 53	7 17	7 49
,, 25	4 13	3 25	3 57	4 20	4 52	5 15	5 33	5 48	6 3	6 17	6 33	6 50	7 11	7 41
Aug. 1	4 24	3 41	4 9	4 29	4 58	5 19	5 35	5 50	6 3	6 16	6 30	6 45	7 5	7 32
,, 8	4 34	3 57	4 21	4 39	5 5	5 23	5 38	5 50	6 2	6 14	6 26	6 40	6 57	7 21
,, 15	4 45	4 14	4 34	4 49	5 11	5 27	5 40	5 51	6 1	6 11	6 22	6 34	6 48	7 8
,, 22	4 56	4 31	4 47	5 0	5 18	5 31	5 42	5 51	5 59	6 8	6 17	6 26	6 39	6 55
,, 29	5 7	4 47	5 0	5 10	5 25	5 35	5 44	5 51	5 57	6 4	6 11	6 19	6 28	6 41
Sept. 5	5 19	5 4	5 13	5 21	5 31	5 39	5 45	5 50	5 55	6 0	6 5	6 10	6 17	6 26
,, 12	5 30	5 20	5 26	5 31	5 38	5 43	5 47	5 50	5 53	5 56	5 59	6 2	6 6	6 11
,, 19	5 41	5 37	5 39	5 41	5 44	5 46	5 48	5 49	5 50	5 51	5 52	5 53	5 54	5 55
,, 26	5 52	5 53	5 53	5 52	5 51	5 50	5 50	5 49	5 48	5 47	5 46	5 44	5 43	5 40
Oct. 3	6 4	6 10	6 6	6 3	5 58	5 54	5 51	5 48	5 46	5 43	5 40	5 36	5 31	5 25
,, 10	6 15	6 27	6 19	6 14	6 5	5 58	5 53	5 48	5 44	5 39	5 34	5 28	5 20	5 10
,, 17	6 27	6 44	6 33	6 25	6 12	6 3	5 55	5 48	5 42	5 35	5 28	5 20	5 9	4 55
,, 24	6 39	7 1	6 47	6 36	6 20	6 8	5 58	5 49	5 41	5 32	5 23	5 12	4 59	4 41
,, 31	6 52	7 19	7 1	6 48	6 28	6 13	6 1	5 50	5 40	5 30	5 19	5 6	4 50	4 28
Nov. 7	7 4	7 37	7 16	6 59	6 36	6 18	6 4	5 52	5 40	5 28	5 15	5 1	4 42	4 16
,, 14	7 16	7 55	7 30	7 11	6 44	6 24	6 8	5 54	5 41	5 28	5 13	4 56	4 35	4 6
,, 21	7 28	8 13	7 44	7 22	6 52	6 30	6 12	5 57	5 42	5 28	5 12	4 53	4 30	3 57
,, 28	7 39	8 29	7 56	7 33	7 0	6 36	6 17	6 0	5 44	5 29	5 12	4 52	4 27	3 51
Dec. 5	7 49	8 43	8 7	7 42	7 7	6 42	6 21	6 4	5 47	5 30	5 12	4 51	4 25	3 47
,, 12	7 57	8 54	8 16	7 50	7 13	6 47	6 26	6 7	5 50	5 33	5 14	4 53	4 25	3 45
,, 19	8 3	9 1	8 22	7 55	7 18	6 51	6 30	6 11	5 54	5 36	5 17	4 55	4 27	3 46
,, 26	8 6	9 4	8 25	7 58	7 21	6 54	6 33	6 14	5 57	5 40	5 21	4 59	4 31	3 50
2011 Jan. 2	8 6	9 3	8 25	7 59	7 22	6 56	6 36	6 18	6 0	5 43	5 25	5 3	4 36	3 56

Example:—To find the time of Sunrise in Jamaica. (Latitude 18° N.) on Thursday June 10th, 2010. On June 6th. L.M.T. = 5h. 20m. + $\frac{2}{10}$ × 18m. = 5h, 24m. on June 13th. L.M.T. = 5 h. 20m. + $\frac{2}{10}$ × 19m. = 5h. 24m., therefore L.M.T. on June 10th. = 5h. 24m. + $\frac{4}{7}$ × 0m. = 5h. 24m. A.M.

FOR ALL SUNDAYS IN 2010 (ALL TIMES ARE P.M.)

| Date | LON-DON | NORTHERN LATITUDES | | | | | | | | SOUTHERN LATITUDES | | | | |
		60°	55°	50°	40°	30°	20°	10°	0°	10°	20°	30°	40°	50°
2009 Dec. 27	3 56	2 58	3 37	4 4	4 41	5 8	5 29	5 47	6 5	6 22	6 41	7 3	7 31	8 11
2010 Jan. 3	4 3	3 7	3 44	4 10	4 47	5 12	5 33	5 51	6 8	6 25	6 44	7 5	7 32	8 11
,, 10	4 12	3 20	3 54	4 19	4 53	5 18	5 38	5 55	6 11	6 27	6 45	7 6	7 31	8 9
,, 17	4 23	3 35	4 6	4 29	5 1	5 24	5 42	5 58	6 14	6 29	6 46	7 5	7 29	8 4
,, 24	4 34	3 52	4 20	4 40	5 9	5 30	5 47	6 2	6 16	6 30	6 45	7 3	7 25	7 56
,, 31	4 47	4 10	4 34	4 52	5 17	5 36	5 51	6 4	6 17	6 30	6 43	6 59	7 19	7 47
Feb. 7	5 0	4 29	4 49	5 4	5 26	5 42	5 55	6 7	6 18	6 29	6 41	6 55	7 12	7 36
,, 14	5 13	4 48	5 4	5 16	5 34	5 48	5 59	6 8	6 18	6 27	6 37	6 49	7 4	7 24
,, 21	5 25	5 6	5 18	5 28	5 42	5 53	6 2	6 10	6 17	6 25	6 33	6 42	6 54	7 11
,, 28	5 38	5 24	5 33	5 40	5 50	5 58	6 5	6 11	6 16	6 22	6 28	6 35	6 44	6 56
Mar. 7	5 50	5 41	5 47	5 51	5 58	6 3	6 7	6 11	6 15	6 18	6 22	6 27	6 33	6 42
,, 14	6 2	5 59	6 1	6 3	6 5	6 8	6 9	6 11	6 13	6 15	6 17	6 19	6 22	6 27
,, 21	6 14	6 16	6 15	6 14	6 13	6 12	6 11	6 11	6 11	6 11	6 11	6 11	6 11	6 11
,, 28	6 26	6 33	6 28	6 25	6 20	6 16	6 13	6 11	6 9	6 7	6 4	6 2	6 0	5 56
Apr. 4	6 38	6 50	6 42	6 36	6 27	6 20	6 15	6 11	6 7	6 3	5 58	5 54	5 48	5 41
,, 11	6 49	7 7	6 56	6 47	6 34	6 25	6 17	6 11	6 5	5 59	5 53	5 46	5 37	5 26
,, 18	7 1	7 24	7 9	6 58	6 41	6 29	6 19	6 11	6 3	5 55	5 47	5 38	5 27	5 12
,, 25	7 13	7 42	7 23	7 9	6 48	6 33	6 21	6 11	6 1	5 52	5 42	5 31	5 17	4 59
May 2	7 24	7 59	7 36	7 19	6 55	6 38	6 24	6 12	6 0	5 49	5 38	5 24	5 8	4 46
,, 9	7 35	8 16	7 49	7 30	7 2	6 42	6 26	6 13	6 0	5 47	5 34	5 19	5 0	4 35
,, 16	7 46	8 33	8 2	7 40	7 9	6 47	6 29	6 14	6 0	5 46	5 31	5 14	4 53	4 25
,, 23	7 56	8 49	8 14	7 49	7 15	6 51	6 32	6 15	6 0	5 45	5 29	5 11	4 48	4 16
,, 30	8 5	9 3	8 24	7 57	7 21	6 55	6 35	6 17	6 1	5 45	5 28	5 8	4 44	4 10
June 6	8 12	9 14	8 33	8 4	7 26	6 59	6 37	6 19	6 2	5 45	5 27	5 7	4 41	4 5
,, 13	8 17	9 23	8 39	8 9	7 29	7 2	6 40	6 21	6 3	5 46	5 28	5 7	4 40	4 3
,, 20	8 20	9 27	8 42	8 12	7 32	7 4	6 42	6 23	6 5	5 47	5 29	5 8	4 41	4 3
,, 27	8 21	9 27	8 43	8 13	7 33	7 5	6 43	6 24	6 6	5 49	5 31	5 9	4 43	4 5
July 4	8 19	9 23	8 40	8 11	7 32	7 5	6 43	6 25	6 8	5 51	5 33	5 12	4 46	4 10
,, 11	8 15	9 14	8 35	8 8	7 30	7 4	6 43	6 25	6 9	5 53	5 35	5 15	4 50	4 16
,, 18	8 8	9 3	8 27	8 1	7 26	7 2	6 42	6 25	6 10	5 54	5 38	5 19	4 56	4 23
,, 25	7 59	8 48	8 16	7 53	7 21	6 58	6 40	6 24	6 10	5 56	5 40	5 23	5 1	4 32
Aug. 1	7 49	8 32	8 4	7 43	7 14	6 54	6 37	6 23	6 10	5 57	5 43	5 27	5 8	4 41
,, 8	7 37	8 14	7 50	7 32	7 6	6 48	6 34	6 21	6 9	5 57	5 45	5 31	5 14	4 51
,, 15	7 24	7 55	7 35	7 20	6 58	6 42	6 29	6 18	6 8	5 58	5 47	5 35	5 21	5 1
,, 22	7 9	7 35	7 19	7 6	6 48	6 35	6 24	6 15	6 6	5 58	5 49	5 39	5 27	5 11
,, 29	6 54	7 14	7 2	6 52	6 37	6 27	6 18	6 11	6 4	5 58	5 51	5 43	5 34	5 21
Sept. 5	6 39	6 54	6 44	6 37	6 26	6 19	6 12	6 7	6 2	5 57	5 53	5 47	5 40	5 32
,, 12	6 23	6 32	6 26	6 22	6 15	6 10	6 6	6 3	6 0	5 57	5 54	5 51	5 47	5 42
,, 19	6 7	6 11	6 8	6 6	6 3	6 1	6 0	5 58	5 57	5 56	5 55	5 55	5 53	5 52
,, 26	5 51	5 50	5 50	5 51	5 52	5 53	5 53	5 54	5 55	5 56	5 57	5 58	6 0	6 3
Oct. 3	5 35	5 28	5 32	5 35	5 40	5 44	5 47	5 50	5 53	5 55	5 59	6 2	6 7	6 14
,, 10	5 19	5 7	5 15	5 20	5 29	5 36	5 41	5 46	5 51	5 55	6 1	6 7	6 14	6 25
,, 17	5 4	4 47	4 58	5 6	5 18	5 28	5 35	5 42	5 49	5 56	6 3	6 11	6 21	6 36
,, 24	4 49	4 27	4 41	4 52	5 9	5 21	5 31	5 39	5 48	5 56	6 5	6 16	6 29	6 47
,, 31	4 36	4 8	4 26	4 39	4 59	5 14	5 26	5 37	5 47	5 57	6 8	6 21	6 37	6 59
Nov. 7	4 23	3 50	4 12	4 28	4 52	5 9	5 23	5 35	5 47	5 59	6 12	6 27	6 45	7 11
,, 14	4 13	3 33	3 59	4 18	4 45	5 5	5 21	5 35	5 48	6 1	6 16	6 32	6 53	7 23
,, 21	4 4	3 19	3 48	4 9	4 40	5 2	5 19	5 35	5 49	6 4	6 20	6 38	7 2	7 34
,, 28	3 57	3 7	3 40	4 3	4 36	5 0	5 20	5 36	5 51	6 7	6 24	6 44	7 9	7 45
Dec. 5	3 52	2 58	3 34	3 59	4 35	5 0	5 20	5 37	5 54	6 11	6 29	6 50	7 16	7 55
,, 12	3 51	2 53	3 31	3 58	4 35	5 1	5 22	5 40	5 57	6 14	6 33	6 55	7 22	8 2
,, 19	3 52	2 53	3 32	3 59	4 37	5 3	5 25	5 43	6 1	6 18	6 37	6 59	7 27	8 8
,, 26	3 55	2 57	3 36	4 3	4 40	5 7	5 28	5 47	6 4	6 22	6 41	7 3	7 31	8 11
2011 Jan. 2	4 2	3 5	3 43	4 9	4 46	5 11	5 32	5 50	6 7	6 25	6 43	7 5	7 32	8 11

Example:—To find the time of Sunset in Canberra (Latitude 35.3°S.) on Friday July 30th. 2010. On July 25th. L.M.T. = 5h. 23m. − $\frac{5.3}{10}$ × 22m = 5h. 11m., on August 1st. L.M.T. = 5h. 27m. − $\frac{5.3}{10}$ × 19m = 5h. 17m. therefore L.M.T. on July 30th. = 5h. 11m. + $\frac{5}{7}$ × 6m. = 5h. 15m. P.M.

TABLES OF HOUSES FOR LONDON, Latitude 51° 32' N.

Sidereal Time.	10 ♈	11 ♉	12 ♊	Ascen ♋	2 ♌	3 ♍
H. M. S.	°	°	°	° '	°	°
0 0 0	0	9	22	26 36	12	3
0 3 40	1	10	23	27 17	13	3
0 7 20	2	11	24	27 56	14	4
0 11 0	3	12	25	28 42	15	5
0 14 41	4	13	25	29 17	15	6
0 18 21	5	14	26	29 55	16	7
0 22 2	6	15	27	0♌34	17	8
0 25 42	7	16	28	1 14	18	8
0 29 23	8	17	29	1 55	18	9
0 33 4	9	18	69	2 33	19	10
0 36 45	10	19	1	3 14	20	11
0 40 26	11	20	1	3 54	20	12
0 44 8	12	21	2	4 33	21	13
0 47 50	13	22	3	5 12	22	14
0 51 32	14	23	4	5 52	23	15
0 55 14	15	24	5	6 30	23	15
0 58 57	16	25	6	7 9	24	16
1 2 40	17	26	6	7 50	25	17
1 6 23	18	27	7	8 30	26	18
1 10 7	19	28	8	9 9	26	19
1 13 51	20	29	9	9 48	27	19
1 17 35	21	♊	10	10 28	28	20
1 21 20	22	1	10	11 8	28	21
1 25 6	23	2	11	11 48	29	22
1 28 52	24	3	12	12 28	♍	23
1 32 38	25	4	13	13 8	1	24
1 36 25	26	5	14	13 48	1	25
1 40 12	27	6	14	14 28	2	25
1 44 0	28	7	15	15 8	3	26
1 47 48	29	8	16	15 48	4	27
1 51 37	30	9	17	16 28	4	28

Sidereal Time.	10 ♉	11 ♊	12 ♋	Ascen ♌	2 ♍	3 ♎
H. M. S.	°	°	°	° '	°	°
1 51 37	0	9	17	16 28	4	28
1 55 27	1	10	18	17 8	5	29
1 59 17	2	11	19	17 48	6	♎
2 3 8	3	12	19	18 28	7	1
2 6 59	4	13	20	19 9	8	2
2 10 51	5	14	21	19 49	9	2
2 14 44	6	15	22	20 29	9	3
2 18 37	7	16	22	21 10	10	4
2 22 31	8	17	23	21 51	11	5
2 26 25	9	18	24	22 32	11	6
2 30 20	10	19	25	23 14	12	7
2 34 16	11	20	25	23 55	13	8
2 38 13	12	21	26	24 36	14	9
2 42 10	13	22	27	25 17	15	10
2 46 8	14	23	28	25 58	16	11
2 50 7	15	24	29	26 40	16	12
2 54 7	16	25	29	27 22	17	12
2 58 7	17	26	♏	28 4	18	13
3 2 8	18	27	1	28 46	18	14
3 6 9	19	27	2	29 28	19	15
3 10 12	20	28	3	0♏12	20	16
3 14 15	21	29	3	0 54	21	17
3 18 19	22	69	4	1 36	22	18
3 22 23	23	1	5	2 20	22	19
3 26 29	24	2	6	3 2	23	20
3 30 35	25	3	7	3 45	24	21
3 34 41	26	4	7	4 28	25	22
3 38 49	27	5	8	5 11	26	23
3 42 57	28	6	9	5 54	27	24
3 47 6	29	7	10	6 38	27	25
3 51 15	30	8	11	7 21	28	25

Sidereal Time.	10 ♊	11 ♋	12 ♌	Ascen ♍	2 ♎	3 ♏
H. M. S.	°	°	°	° '	°	°
3 51 15	0	8	11	7 21	28	25
3 55 25	1	9	12	8 5	29	26
3 59 36	2	10	12	8 49	♎	27
4 3 48	3	10	13	9 33	1	28
4 8 0	4	11	14	10 17	2	29
4 12 13	5	12	15	11 2	2	♏
4 16 26	6	13	16	11 46	3	1
4 20 40	7	14	17	12 30	4	2
4 24 55	8	15	17	13 15	5	3
4 29 10	9	16	18	14 0	6	4
4 33 26	10	17	19	14 45	7	5
4 37 42	11	18	20	15 30	8	6
4 41 59	12	19	21	16 15	8	7
4 46 16	13	20	21	17 0	9	8
4 50 34	14	21	22	17 45	10	9
4 54 52	15	22	23	18 30	11	10
4 59 10	16	23	24	19 16	12	11
5 3 29	17	24	25	20 3	13	12
5 7 49	18	25	26	20 49	14	13
5 12 9	19	25	27	21 35	14	14
5 16 29	20	26	28	22 20	15	14
5 20 49	21	27	28	23 6	16	15
5 25 9	22	28	29	23 51	17	16
5 29 30	23	29	♏	24 37	18	17
5 33 51	24	♎	1	25 23	19	18
5 38 12	25	1	2	26 9	20	19
5 42 34	26	2	3	26 55	21	20
5 46 55	27	3	4	27 41	21	21
5 51 17	28	4	4	28 27	22	22
5 55 38	29	5	5	29 13	23	23
6 0 0	30	6	6	30 0	24	24

Sidereal Time.	10 ♋	11 ♌	12 ♍	Ascen ♎	2 ♎	3 ♏
H. M. S.	°	°	°	° '	°	°
6 0 0	0	6	6	0 0	24	24
6 4 22	1	7	7	0 47	25	25
6 8 43	2	8	8	1 33	26	26
6 13 5	3	9	9	2 19	27	27
6 17 26	4	10	10	3 5	27	28
6 21 48	5	11	10	3 51	28	29
6 26 9	6	12	11	4 37	29	♏
6 30 30	7	13	12	5 23	♏	1
6 34 51	8	14	13	6 9	1	2
6 39 11	9	15	14	6 55	2	3
6 43 31	10	16	15	7 40	2	4
6 47 51	11	16	16	8 26	3	4
6 52 11	12	17	16	9 12	4	5
6 56 31	13	18	17	9 58	5	6
7 0 50	14	19	18	10 43	6	7
7 5 8	15	20	19	11 28	7	8
7 9 26	16	21	20	12 14	8	9
7 13 44	17	22	21	12 59	8	10
7 18 1	18	23	22	13 45	9	11
7 22 18	19	24	23	14 30	10	12
7 26 34	20	25	24	15 15	11	13
7 30 50	21	26	25	16 0	12	14
7 35 5	22	27	25	16 45	13	15
7 39 20	23	28	26	17 30	13	16
7 43 34	24	29	27	18 15	14	16
7 47 47	25	♍	28	18 59	15	18
7 52 0	26	1	29	19 43	16	19
7 56 12	27	2	29	20 27	17	20
8 0 24	28	3	≏	21 11	18	20
8 4 35	29	4	1	21 56	18	21
8 8 45	30	5	2	22 40	19	22

Sidereal Time.	10 ♌	11 ♍	12 ≏	Ascen ≏	2 ♏	3 ♐
H. M. S.	°	°	°	° '	°	°
8 8 45	0	5	2	22 40	19	22
8 12 54	1	5	3	23 24	20	23
8 17 3	2	6	3	24 7	21	24
8 21 11	3	7	4	24 50	22	25
8 25 19	4	8	5	25 34	23	26
8 29 26	5	9	6	26 18	23	27
8 33 31	6	10	7	27 1	24	28
8 37 37	7	11	8	27 44	25	29
8 41 41	8	12	8	28 26	26	♐
8 45 45	9	13	9	29 9	27	1
8 49 48	10	14	10	29 52	27	2
8 53 51	11	15	11	0♏32	28	3
8 57 52	12	16	12	1 15	29	4
9 1 53	13	17	12	1 58	♐	4
9 5 53	14	18	13	2 39	1	5
9 9 53	15	18	14	3 21	1	6
9 13 52	16	19	15	4 3	2	7
9 17 50	17	20	16	4 44	3	8
9 21 47	18	21	16	5 26	3	9
9 25 44	19	22	17	6 7	4	10
9 29 40	20	23	18	6 48	5	11
9 33 35	21	24	18	7 29	5	12
9 37 29	22	25	19	8 9	6	13
9 41 23	23	26	20	8 50	7	14
9 45 16	24	27	21	9 31	8	15
9 49 9	25	28	22	10 11	9	16
9 53 1	26	28	23	10 51	9	17
9 56 52	27	29	23	11 32	10	18
10 0 43	28	≏	24	12 12	11	19
10 4 33	29	1	25	12 53	12	20
10 8 23	30	2	26	13 33	13	20

Sidereal Time.	10 ♍	11 ≏	12 ≏	Ascen ♏	2 ♐	3 ♑
H. M. S.	°	°	°	° '	°	°
10 8 23	0	2	26	13 33	13	20
10 12 12	1	3	26	14 13	14	21
10 16 0	2	4	27	14 53	15	22
10 19 48	3	5	28	15 33	15	23
10 23 35	4	5	29	16 13	16	24
10 27 22	5	6	29	16 52	17	25
10 31 8	6	7	♏	17 32	18	26
10 34 54	7	8	1	18 12	19	27
10 38 40	8	9	2	18 52	20	28
10 42 25	9	10	2	19 31	20	29
10 46 9	10	11	3	20 11	21	≈
10 49 53	11	11	4	20 50	22	1
10 53 37	12	12	4	21 30	23	2
10 57 20	13	13	5	22 9	24	3
11 1 3	14	14	6	22 49	24	4
11 4 46	15	15	7	23 28	25	5
11 8 28	16	16	7	24 8	26	6
11 12 10	17	17	8	24 47	27	8
11 15 52	18	17	9	25 27	28	9
11 19 34	19	18	10	26 6	29	10
11 23 15	20	19	10	26 45	♑	11
11 26 56	21	20	11	27 25	0	12
11 30 37	22	21	12	28 5	1	13
11 34 18	23	22	13	28 44	2	14
11 37 58	24	23	13	29 24	3	15
11 41 39	25	23	14	0♐3	4	16
11 45 19	26	24	15	0 43	5	17
11 49 0	27	25	15	1 23	6	18
11 52 40	28	26	16	2 3	6	19
11 56 20	29	27	17	2 43	7	20
12 0 0	30	27	17	3 23	8	21

TABLES OF HOUSES FOR LONDON, Latitude 51° 32' N.

Sidereal Time	10 ♎	11 ♎	12 ♏	Ascen ♐	2 ♍	3 ♒
H. M. S.	°	°	°	° '	°	°
12 0 0	0	27	17	3 23	8	21
12 3 40	1	28	18	4 4	9	23
12 7 20	2	29	19	4 45	10	24
12 11 0	3	♏	20	5 26	11	25
12 14 41	4	1	20	6 7	12	26
12 18 21	5	1	21	6 48	13	27
12 22 2	6	2	22	7 29	14	28
12 25 42	7	3	23	8 10	15	29
12 29 23	8	4	23	8 51	16	♓
12 33 4	9	5	24	9 33	17	2
12 36 45	10	6	25	10 15	18	3
12 40 26	11	6	25	10 57	19	4
12 44 8	12	7	26	11 40	20	5
12 47 50	13	8	27	12 22	21	6
12 51 32	14	9	28	13 4	22	7
12 55 14	15	10	28	13 47	23	9
12 58 57	16	11	29	14 30	24	10
13 2 40	17	11	♐	15 14	25	11
13 6 23	18	12	1	15 59	26	12
13 10 7	19	13	1	16 44	27	13
13 13 51	20	14	2	17 29	28	15
13 17 35	21	15	3	18 14	29	16
13 21 20	22	16	4	19 0	♒	17
13 25 6	23	16	4	19 45	1	18
13 28 52	24	17	5	20 31	2	20
13 32 38	25	18	6	21 18	4	21
13 36 25	26	19	7	22 6	5	22
13 40 12	27	20	7	22 54	6	23
13 44 0	28	21	8	23 42	7	25
13 47 48	29	21	9	24 31	8	26
13 51 37	30	22	10	25 20	10	27

Sidereal Time	10 ♏	11 ♏	12 ♐	Ascen ♐	2 ♒	3 ♓
H. M. S.	°	°	°	° '	°	°
13 51 37	0	22	10	25 20	10	27
13 55 27	1	23	11	26 10	11	28
13 59 17	2	24	11	27 2	12	♈
14 3 8	3	25	12	27 53	14	1
14 6 59	4	26	13	28 45	15	2
14 10 51	5	26	14	29 36	16	4
14 14 44	6	27	15	0♑29	18	5
14 18 37	7	28	15	1 23	19	6
14 22 31	8	29	16	2 18	20	8
14 26 25	9	♐	17	3 14	22	9
14 30 20	10	1	18	4 11	23	10
14 34 16	11	2	19	5 9	25	11
14 38 13	12	2	20	6 7	26	13
14 42 10	13	3	20	7 6	28	14
14 46 8	14	4	21	8 6	29	15
14 50 7	15	5	22	9 8	♓	17
14 54 7	16	6	23	10 11	2	18
14 58 7	17	7	24	11 15	4	19
15 2 8	18	8	25	12 22	6	21
15 6 9	19	9	26	13 27	8	22
15 10 12	20	9	27	14 35	9	23
15 14 15	21	10	27	15 43	11	24
15 18 19	22	11	28	16 52	13	26
15 22 23	23	12	29	18 3	14	27
15 26 29	24	13	♑	19 16	16	28
15 30 35	25	14	1	20 32	17	29
15 34 41	26	15	2	21 48	19	♈
15 38 49	27	16	3	23 8	21	2
15 42 57	28	17	4	24 29	22	3
15 47 6	29	18	5	25 51	24	4
15 51 15	30	18	6	27 15	26	6

Sidereal Time	10 ♐	11 ♐	12 ♑	Ascen ♑	2 ♓	3 ♈
H. M. S.	°	°	°	° '	°	°
15 51 15	0	18	6	27 15	26	6
15 55 25	1	19	7	28 42	28	7
15 59 36	2	20	8	0♒11	♈	9
16 3 48	3	21	9	1 42	2	10
16 8 0	4	22	10	3 16	3	11
16 12 13	5	23	11	4 53	5	12
16 16 26	6	24	12	6 32	7	14
16 20 40	7	25	13	8 13	9	15
16 24 55	8	26	14	9 57	11	16
16 29 10	9	27	16	11 44	12	17
16 33 26	10	28	17	13 34	14	18
16 37 42	11	29	18	15 26	16	20
16 41 59	12	♑	19	17 20	18	21
16 46 16	13	1	20	19 18	20	22
16 50 34	14	2	21	21 22	21	23
16 54 52	15	3	22	23 29	23	25
16 59 10	16	4	24	25 36	25	26
17 3 29	17	5	25	27 46	27	27
17 7 49	18	6	26	0♓0	28	28
17 12 9	19	7	27	2 19	♉	29
17 16 29	20	8	29	4 40	2	♊
17 20 49	21	9	♒	7 2	3	1
17 25 9	22	10	1	9 26	5	2
17 29 30	23	11	3	11 54	7	3
17 33 51	24	12	4	14 24	8	5
17 38 12	25	13	5	17 0	10	6
17 42 34	26	14	7	19 33	11	7
17 46 55	27	15	8	22 6	13	8
17 51 17	28	16	10	24 40	14	9
17 55 38	29	17	11	27 20	16	10
18 0 0	30	18	13	0♈0	17	11

Sidereal Time	10 ♑	11 ♑	12 ♒	Ascen ♈	2 ♉	3 ♊
H. M. S.	°	°	°	° '	°	°
18 0 0	0	18	13	0 0	17	11
18 4 22	1	20	14	2 39	19	13
18 8 43	2	21	16	5 19	20	14
18 13 5	3	22	17	7 55	22	15
18 17 26	4	23	19	10 29	23	16
18 21 48	5	24	20	13 2	25	18
18 26 9	6	25	22	15 36	26	18
18 30 30	7	26	23	18 6	27	19
18 34 51	8	27	25	20 34	29	20
18 39 11	9	29	27	22 59	♊	21
18 43 31	10	♒	28	25 22	1	22
18 47 51	11	1	♓	27 42	3	23
18 52 11	12	2	2	29 58	4	24
18 56 31	13	3	3	2♉13	5	25
19 0 50	14	4	5	4 24	6	26
19 5 8	15	6	7	6 30	8	27
19 9 26	16	7	8	8 36	9	29
19 13 44	17	8	10	10 40	10	♋
19 18 1	18	9	12	12 39	11	1
19 22 18	19	10	14	14 35	12	1
19 26 34	20	12	16	16 28	13	2
19 30 50	21	13	18	18 14	14	3
19 35 5	22	14	19	20 3	16	4
19 39 20	23	15	21	21 48	17	5
19 43 34	24	16	23	23 29	18	6
19 47 47	25	18	25	25 9	19	7
19 52 0	26	19	27	26 45	20	8
19 56 12	27	20	28	28 18	21	9
20 0 24	28	21	♈	29 49	22	10
20 4 35	29	23	2	1♊19	23	11
20 8 45	30	24	4	2 45	24	12

Sidereal Time	10 ♒	11 ♒	12 ♈	Ascen ♉	2 ♊	3 ♋
H. M. S.	°	°	°	° '	°	°
20 8 45	0	24	4	2 45	24	12
20 12 54	1	25	6	4 9	25	12
20 17 3	2	27	7	5 32	26	13
20 21 11	3	28	9	6 53	27	14
20 25 19	4	29	11	8 12	28	15
20 29 26	5	♓	13	9 27	29	16
20 33 31	6	2	14	10 43	♋	17
20 37 37	7	3	16	11 58	1	18
20 41 41	8	4	18	13 9	2	19
20 45 45	9	6	19	14 18	3	20
20 49 48	10	7	21	15 25	3	21
20 53 51	11	8	23	16 32	4	21
20 57 52	12	9	24	17 39	5	22
21 1 53	13	11	26	18 44	6	23
21 5 53	14	12	28	19 48	7	24
21 9 53	15	13	29	20 51	8	25
21 13 52	16	15	♉	21 53	9	26
21 17 50	17	16	2	22 53	10	27
21 21 47	18	17	4	23 52	10	28
21 25 44	19	19	5	24 51	11	28
21 29 40	20	20	7	25 48	12	29
21 33 31	21	21	8	26 44	13	♌
21 37 29	22	23	10	27 40	14	1
21 41 23	23	24	11	28 34	15	2
21 45 10	24	25	13	29 29	15	3
21 49 9	25	26	14	0♋22	16	4
21 53 1	26	28	15	1 15	17	4
21 56 52	27	29	16	2 7	18	5
22 0 43	28	♈	18	2 57	19	6
22 4 33	29	2	19	3 48	19	7
22 8 23	30	3	20	4 38	20	8

Sidereal Time	10 ♓	11 ♓	12 ♉	Ascen ♋	2 ♋	3 ♌
H. M. S.	°	°	°	° '	°	°
22 8 23	0	3	20	4 38	20	8
22 12 12	1	4	21	5 28	21	8
22 16 0	2	6	23	6 17	22	9
22 19 48	3	7	24	7 5	23	10
22 23 35	4	8	25	7 53	23	11
22 27 22	5	9	26	8 42	24	12
22 31 8	6	10	28	9 29	25	13
22 34 54	7	12	29	10 16	26	14
22 38 40	8	13	♊	11 2	26	14
22 42 25	9	14	1	11 47	27	15
22 46 9	10	15	2	12 31	28	16
22 49 53	11	17	3	13 16	29	16
22 53 37	12	18	4	14 1	♌	17
22 57 20	13	19	6	14 45	1	18
23 1 3	14	20	7	15 28	1	19
23 4 46	15	21	7	16 11	2	20
23 8 28	16	23	8	16 54	3	21
23 12 10	17	24	9	17 37	3	22
23 15 52	18	25	10	18 19	4	23
23 19 34	19	26	11	19 3	5	24
23 23 15	20	27	12	19 45	5	24
23 26 56	21	29	13	20 27	6	25
23 30 37	22	♉	14	21 8	7	26
23 34 18	23	1	15	21 50	7	27
23 37 58	24	2	16	22 31	8	28
23 41 39	25	3	17	23 12	9	28
23 45 19	26	4	18	23 53	10	29
23 49 0	27	5	19	24 32	10	♍
23 52 40	28	6	20	25 15	11	1
23 56 20	29	8	21	25 56	12	2
24 0 0	30	9	22	26 36	13	3

TABLES OF HOUSES FOR LIVERPOOL, Latitude 53° 25' N.

Panel 1

Sidereal Time (H. M. S.)	10 ♈	11 ♉	12 ♊	Ascen ♋	2 ♌	3 ♍
0 0 0	0	9	24	28 12	14	3
0 3 40	1	10	25	28 51	14	4
0 7 20	2	12	25	29 30	15	4
0 11 0	3	13	26	0♋ 9	16	5
0 14 41	4	14	27	0 48	17	6
0 18 21	5	15	28	1 27	17	7
0 22 2	6	16	29	2 6	18	8
0 25 42	7	17	♋	2 44	19	9
0 29 23	8	18	1	3 22	19	10
0 33 4	9	19	1	4 1	20	10
0 36 45	10	20	2	4 39	21	11
0 40 26	11	21	3	5 18	22	12
0 44 8	12	22	4	5 56	22	13
0 47 50	13	23	5	6 34	23	14
0 51 32	14	24	6	7 13	24	14
0 55 14	15	25	6	7 51	24	15
0 58 57	16	26	7	8 30	25	16
1 2 40	17	27	8	9 8	26	17
1 6 23	18	28	9	9 47	26	18
1 10 7	19	29	10	10 25	27	19
1 13 51	20	♊	11	11 4	28	19
1 17 35	21	1	11	11 43	28	20
1 21 20	22	2	12	12 21	29	21
1 25 6	23	3	13	13 0	♍	22
1 28 52	24	4	14	13 39	1	23
1 32 38	25	5	15	14 17	1	24
1 36 25	26	6	15	14 56	2	25
1 40 12	27	7	16	15 35	3	25
1 44 0	28	8	17	16 14	3	26
1 47 48	29	9	18	16 53	4	27
1 51 37	30	10	18	17 32	5	28

Panel 2

Sidereal Time (H. M. S.)	10 ♉	11 ♊	12 ♋	Ascen ♌	2 ♍	3 ♎
1 51 37	0	10	18	17 32	5	28
1 55 27	1	11	19	18 11	6	29
1 59 17	2	12	20	18 51	6	♎
2 3 8	3	13	21	19 30	7	1
2 6 59	4	14	22	20 9	8	2
2 10 51	5	15	22	20 49	9	2
2 14 44	6	16	23	21 28	9	3
2 18 37	7	17	24	22 8	10	4
2 22 31	8	18	25	22 48	11	5
2 26 25	9	19	25	23 28	12	6
2 30 20	10	20	26	24 8	12	7
2 34 16	11	21	27	24 48	13	8
2 38 13	12	22	28	25 28	14	9
2 42 10	13	23	29	26 8	15	10
2 46 8	14	24	29	26 49	15	10
2 50 7	15	25	♌	27 29	16	11
2 54 7	16	26	1	28 10	17	12
2 58 7	17	27	2	28 51	18	13
3 2 8	18	28	2	29 32	19	14
3 6 9	19	29	3	0♍13	19	15
3 10 12	20	29	4	0 54	20	16
3 14 15	21	♋	5	1 36	21	17
3 18 19	22	1	5	2 17	22	18
3 22 23	23	2	6	2 59	23	19
3 26 29	24	3	7	3 41	23	20
3 30 35	25	4	8	4 23	24	21
3 34 41	26	5	9	5 5	25	22
3 38 49	27	6	10	5 47	26	22
3 42 57	28	7	10	6 29	27	23
3 47 6	29	8	11	7 12	27	24
3 51 15	30	9	12	7 55	28	25

Panel 3

Sidereal Time (H. M. S.)	10 ♊	11 ♋	12 ♌	Ascen ♍	2 ♎	3 ♎
3 51 15	0	9	12	7 55	28	25
3 55 25	1	10	13	8 37	29	26
3 59 36	2	11	13	9 20	♎	27
4 3 48	3	12	14	10 3	1	28
4 8 0	4	12	15	10 46	2	29
4 12 13	5	13	16	11 30	2	♏
4 16 26	6	14	17	12 13	3	1
4 20 40	7	15	18	12 56	4	2
4 24 55	8	16	18	13 40	5	3
4 29 10	9	17	19	14 24	6	4
4 33 26	10	18	20	15 8	7	5
4 37 42	11	19	21	15 52	7	6
4 41 59	12	20	21	16 36	8	6
4 46 16	13	21	22	17 20	9	7
4 50 34	14	22	23	18 4	10	8
4 54 52	15	23	24	18 48	11	9
4 59 10	16	24	25	19 32	12	10
5 3 29	17	24	26	20 17	12	11
5 7 49	18	25	26	21 1	13	12
5 12 9	19	26	27	21 46	14	13
5 16 34	20	27	28	22 31	15	14
5 20 49	21	28	29	23 16	16	15
5 25 9	22	29	♍	24 0	17	16
5 29 30	23	♌	1	24 45	18	17
5 33 51	24	1	1	25 30	18	18
5 38 12	25	2	2	26 15	19	19
5 42 34	26	3	3	27 0	20	20
5 46 55	27	4	4	27 45	21	21
5 51 17	28	5	5	28 30	22	21
5 55 38	29	6	6	29 15	23	22
6 0 0	30	7	7	30 0	23	23

Panel 4

Sidereal Time (H. M. S.)	10 ♋	11 ♌	12 ♍	Ascen ♎	2 ♎	3 ♏
6 0 0	0	7	7	0 0	23	23
6 4 22	1	8	7	0 45	24	24
6 8 43	2	9	8	1 30	25	25
6 13 5	3	9	9	2 15	26	26
6 17 26	4	10	10	3 0	27	27
6 21 48	5	11	11	3 45	28	28
6 26 9	6	12	12	4 30	29	29
6 30 30	7	13	12	5 15	29	♐
6 34 51	8	14	13	6 0	♏	1
6 39 11	9	15	14	6 44	1	2
6 43 31	10	16	15	7 29	2	3
6 47 51	11	17	16	8 14	3	4
6 52 11	12	18	17	8 59	4	5
6 56 31	13	19	18	9 43	4	6
7 0 50	14	20	18	10 27	5	6
7 5 8	15	21	19	11 11	6	7
7 9 26	16	22	20	11 56	7	8
7 13 44	17	23	21	12 40	8	9
7 18 1	18	24	22	13 24	8	10
7 22 18	19	24	23	14 8	9	11
7 26 34	20	25	23	14 52	10	12
7 30 50	21	26	24	15 36	11	13
7 35 5	22	27	25	16 20	12	14
7 39 20	23	28	26	17 4	13	15
7 43 34	24	29	27	17 47	13	16
7 47 47	25	♍	28	18 30	14	17
7 52 0	26	1	28	19 13	15	18
7 56 12	27	2	29	19 57	16	18
8 0 24	28	3	♎	20 40	17	19
8 4 35	29	4	1	21 23	17	20
8 8 45	30	5	2	22 5	18	21

Panel 5

Sidereal Time (H. M. S.)	10 ♌	11 ♍	12 ♎	Ascen ♎	2 ♏	3 ♐
8 8 45	0	5	2	22 5	18	21
8 12 54	1	6	2	22 48	19	22
8 17 3	2	7	3	23 30	20	23
8 21 11	3	8	4	24 13	20	24
8 25 19	4	8	5	24 55	21	25
8 29 26	5	9	6	25 37	22	26
8 33 31	6	10	7	26 19	23	27
8 37 37	7	11	7	27 1	24	28
8 41 41	8	12	8	27 43	25	29
8 45 45	9	13	9	28 24	25	♐
8 49 48	10	14	10	29 6	26	1
8 53 51	11	15	11	29 47	27	2
8 57 52	12	16	11	0♏28	28	3
9 1 53	13	17	12	1 9	29	4
9 5 53	14	18	13	1 50	29	5
9 9 53	15	19	14	2 31	♐	5
9 13 52	16	19	14	3 11	1	6
9 17 50	17	20	15	3 52	2	7
9 21 47	18	21	16	4 32	2	8
9 25 44	19	22	17	5 12	3	9
9 29 40	20	23	18	5 52	4	10
9 33 35	21	24	18	6 32	5	11
9 37 29	22	25	19	7 12	5	12
9 41 23	23	26	20	7 52	6	13
9 45 16	24	27	21	8 32	7	14
9 49 9	25	27	21	9 12	8	15
9 53 1	26	28	22	9 51	8	16
9 56 52	27	29	23	10 30	9	17
10 0 43	28	♎	24	11 9	10	17
10 4 33	29	1	24	11 49	11	18
10 8 23	30	2	25	12 28	11	19

Panel 6

Sidereal Time (H. M. S.)	10 ♍	11 ♎	12 ♎	Ascen ♏	2 ♐	3 ♑
10 8 23	0	2	25	12 28	11	19
10 12 12	1	3	26	13 8	12	20
10 16 0	2	4	27	13 45	13	21
10 19 48	3	4	27	14 25	14	22
10 23 35	4	5	28	15 4	15	23
10 27 22	5	6	29	15 42	15	24
10 31 8	6	7	29	16 21	16	25
10 34 54	7	8	♏	17 0	17	26
10 38 40	8	9	1	17 39	18	27
10 42 25	9	10	2	18 17	18	28
10 46 9	10	11	2	18 55	19	♑
10 49 53	11	11	3	19 34	20	1
10 53 37	12	12	4	20 13	21	1
10 57 20	13	13	4	20 52	22	2
11 1 3	14	14	5	21 30	22	3
11 4 46	15	15	6	22 8	23	5
11 8 28	16	16	7	22 46	24	6
11 12 10	17	16	7	23 25	25	7
11 15 52	18	17	8	24 4	26	8
11 19 34	19	18	9	24 42	26	9
11 23 15	20	19	9	25 21	27	10
11 26 56	21	20	10	26 0	28	11
11 30 37	22	20	11	26 38	29	12
11 34 18	23	21	12	27 16	♑	13
11 37 58	24	22	12	27 54	1	14
11 41 39	25	23	13	28 33	1	15
11 45 19	26	24	14	29 11	2	16
11 49 0	27	25	14	29 50	3	17
11 52 40	28	26	15	0♐30	4	18
11 56 20	29	26	16	1 9	5	20
12 0 0	30	27	16	1 48	6	21

TABLES OF HOUSES FOR LIVERPOOL, Latitude 53° 25' N.

Sidereal Time H. M. S.	10 ♎	11 ♏	12	Ascen ♐	2 ♑	3 ♒
12 0 0	0	27	16	1 48	6	21
12 3 40	1	28	17	2 27	7	22
12 7 20	2	29	18	3 6	8	23
12 11 0	3	♏	18	3 46	9	24
12 14 41	4	0	19	4 25	10	25
12 18 21	5	1	20	5 6	10	26
12 22 2	6	2	21	5 46	11	28
12 25 42	7	3	21	6 26	12	29
12 29 23	8	4	22	7 6	13	♓
12 33 4	9	4	23	7 46	14	1
12 36 45	10	5	24	8 27	15	2
12 40 26	11	6	24	9 8	16	3
12 44 8	12	7	25	9 49	17	5
12 47 50	13	8	26	10 30	18	6
12 51 32	14	9	26	11 12	19	7
12 55 14	15	9	27	11 54	20	8
12 58 57	16	10	28	12 36	21	10
13 2 40	17	11	28	13 19	22	11
13 6 23	18	12	29	14 2	23	12
13 10 7	19	13	♐	14 45	25	13
13 13 51	20	13	1	15 28	26	15
13 17 35	21	14	1	16 12	27	16
13 21 20	22	15	2	16 56	28	17
13 25 6	23	16	3	17 41	29	18
13 28 52	24	17	4	18 26	♒	19
13 32 38	25	17	4	19 11	1	21
13 36 25	26	18	5	19 57	3	22
13 40 12	27	19	6	20 44	4	23
13 44 0	28	20	7	21 31	5	24
13 47 48	29	21	7	22 18	7	26
13 51 37	30	21	8	23 6	8	27

Sidereal Time H. M. S.	10 ♏	11 ♏	12 ♐	Ascen ♐	2 ♒	3 ♓
13 51 37	0	21	8	23 6	8	27
13 55 27	1	22	9	23 55	9	28
13 59 17	2	23	10	24 43	10	♈
14 3 8	3	24	10	25 33	12	1
14 6 59	4	25	11	26 23	13	2
14 10 51	5	26	12	27 14	15	4
14 14 44	6	26	13	28 6	16	5
14 18 37	7	27	13	28 59	18	6
14 22 31	8	28	14	29 52	19	8
14 26 25	9	29	15	0♑46	20	9
14 30 20	10	♐	16	1 41	22	10
14 34 16	11	1	17	2 36	23	11
14 38 13	12	2	18	3 33	25	13
14 42 10	13	2	18	4 30	26	14
14 46 8	14	3	19	5 29	28	16
14 50 0	15	4	20	6 29	♓	17
14 54 7	16	5	21	7 30	1	18
14 58 7	17	6	22	8 32	3	20
15 2 8	18	7	23	9 35	5	21
15 6 9	19	8	24	10 39	6	22
15 10 12	20	8	24	11 45	8	23
15 14 15	21	9	25	12 52	10	25
15 18 19	22	10	26	14 1	11	26
15 22 23	23	11	27	15 11	13	27
15 26 29	24	12	28	16 24	15	29
15 30 35	25	13	29	17 37	17	♉
15 34 41	26	14	♑	18 53	19	1
15 38 49	27	15	1	20 10	21	3
15 42 57	28	16	2	21 29	22	4
15 47 6	29	17	3	22 51	24	5
15 51 15	30	17	4	24 15	26	7

Sidereal Time H. M. S.	10 ♐	11 ♐	12 ♑	Ascen ♑	2 ♓	3 ♈
15 51 15	0	17	4	24 15	26	7
15 55 25	1	18	5	25 41	28	8
15 59 36	2	19	6	27 10	♈	9
16 3 48	3	20	7	28 41	2	10
16 8 0	4	21	8	0♈14	4	12
16 12 13	5	22	9	1 50	5	13
16 16 26	6	23	10	3 30	7	14
16 20 40	7	24	11	5 13	9	15
16 24 55	8	25	12	6 58	11	17
16 29 10	9	26	13	8 46	13	18
16 33 26	10	27	14	10 38	15	19
16 37 42	11	28	15	12 32	17	20
16 41 59	12	29	16	14 31	19	22
16 46 16	13	♑	18	16 33	20	23
16 50 34	14	1	19	18 40	22	24
16 54 52	15	2	20	20 50	24	25
16 59 10	16	3	21	23 4	26	26
17 3 29	17	4	22	25 21	28	28
17 7 49	18	5	24	27 42	29	29
17 12 9	19	6	25	0♉8	♊	♊
17 16 29	20	7	26	2 37	3	1
17 20 49	21	8	28	5 10	5	3
17 25 9	22	9	29	7 46	6	4
17 29 30	23	10	♒	10 24	8	5
17 33 51	24	11	2	13 7	10	6
17 38 12	25	12	3	15 52	11	7
17 42 34	26	13	4	18 38	13	8
17 46 55	27	14	6	21 27	15	9
17 51 17	28	15	7	24 17	16	10
17 55 38	29	16	9	27 8	18	12
18 0 0	30	17	11	30 0	19	13

Sidereal Time H. M. S.	10 ♑	11 ♑	12 ♒	Ascen ♈	2 ♉	3 ♊
18 0 0	0	17	11	0 0	19	13
18 4 22	1	18	12	2 52	21	15
18 8 43	2	20	14	5 43	23	15
18 13 5	3	21	15	8 33	24	17
18 17 26	4	22	17	11 22	25	17
18 21 48	5	23	19	14 8	27	18
18 26 9	6	24	20	16 53	28	19
18 30 30	7	25	22	19 36	♊	20
18 34 51	8	26	24	22 14	1	21
18 39 11	9	27	25	24 50	2	22
18 43 31	10	29	27	27 23	4	23
18 47 51	11	♒	28	29 52	5	24
18 52 11	12	1	♓	2♉18	6	25
18 56 31	13	2	4	4 39	8	26
19 0 50	14	4	6	6 56	9	27
19 5 8	15	5	6	9 10	10	28
19 9 26	16	6	8	11 20	11	29
19 13 44	17	7	10	13 27	12	♋
19 18 1	18	8	11	15 29	14	1
19 22 18	19	9	13	17 28	15	2
19 26 34	20	11	15	19 29	16	3
19 30 50	21	12	17	21 14	17	4
19 35 5	22	13	19	23 2	18	5
19 39 20	23	15	21	24 47	19	6
19 43 34	24	16	23	26 30	20	7
19 47 47	25	17	26	28 10	21	8
19 52 0	26	18	28	29 46	22	9
19 56 12	27	20	28	1♊19	23	10
20 0 24	28	21	♈	2 50	24	12
20 4 35	29	22	2	4 19	25	13
20 8 45	30	23	4	5 45	26	13

Sidereal Time H. M. S.	10 ♒	11 ♒	12 ♈	Ascen ♉	2 ♊	3 ♋
20 8 45	0	23	4	5 45	26	13
20 12 54	1	25	6	7 9	27	14
20 17 3	2	26	8	8 31	28	15
20 21 11	3	27	9	9 50	29	16
20 25 19	4	29	11	11 7	♋	16
20 29 26	5	♈	13	12 23	1	17
20 33 31	6	1	15	13 37	2	18
20 37 37	7	3	17	14 49	3	19
20 41 41	8	4	18	15 59	4	20
20 45 45	9	5	20	17 8	5	21
20 49 48	10	7	22	18 15	6	22
20 53 51	11	8	24	19 21	7	22
20 57 52	12	10	25	20 25	7	23
21 1 53	13	11	27	21 28	8	24
21 5 53	14	12	29	22 29	9	25
21 9 53	15	13	♉	23 31	10	26
21 13 52	16	14	2	24 31	11	27
21 17 50	17	16	4	25 30	12	28
21 21 47	18	17	5	26 27	13	28
21 25 44	19	18	7	27 24	13	29
21 29 40	20	20	8	28 19	14	♌
21 33 35	21	21	10	29 14	15	1
21 37 29	22	22	11	0♋8	16	2
21 41 23	23	24	12	1 1	17	3
21 45 16	24	25	14	1 54	17	4
21 49 25	25	26	15	2 46	18	4
21 53 1	26	28	17	3 37	19	5
21 56 52	27	29	18	4 27	20	6
22 0 43	28	♉	20	5 17	20	7
22 4 33	29	2	21	6 5	21	8
22 8 23	30	3	22	6 54	22	8

Sidereal Time H. M. S.	10 ♓	11 ♈	12 ♉	Ascen ♋	2 ♋	3 ♌
22 8 23	0	3	22	6 54	22	8
22 12 12	1	4	23	7 42	23	9
22 16 0	2	5	25	8 29	23	10
22 19 48	3	7	26	9 16	24	11
22 23 35	4	8	27	10 3	25	12
22 27 22	5	9	29	10 49	26	13
22 31 8	6	11	♊	11 34	26	13
22 34 54	7	12	1	12 19	27	14
22 38 40	8	13	2	13 3	28	15
22 42 25	9	14	3	13 48	29	16
22 46 9	10	16	4	14 32	29	17
22 49 53	11	17	5	15 15	♌	17
22 53 37	12	18	7	15 58	1	18
22 57 20	13	19	8	16 41	2	19
23 1 3	14	20	9	17 23	2	20
23 4 46	15	22	10	18 6	3	21
23 8 28	16	23	11	18 48	4	21
23 12 10	17	24	12	19 30	4	22
23 15 52	18	25	13	20 11	5	23
23 19 34	19	27	14	20 52	6	24
23 23 15	20	28	15	21 33	6	25
23 26 56	21	29	16	22 14	7	26
23 30 37	22	♉	17	22 54	8	26
23 34 18	23	1	18	23 34	9	27
23 37 58	24	2	19	24 14	9	28
23 41 39	25	4	20	24 54	10	29
23 45 19	26	5	21	25 35	11	♍
23 49 0	27	6	22	26 14	11	0
23 52 40	28	7	22	26 53	12	1
23 56 20	29	8	23	27 33	13	2
24 0 0	30	9	24	28 12	14	3

TABLES OF HOUSES FOR NEW YORK, Latitude 40° 43' N.

Sidereal Time H. M. S.	10 ♈	11 ♉	12 ♊	Ascen ♋	2 ♌	3 ♍
0 0 0	0	6	15	18 53	8	1
0 3 40	1	7	16	19 38	9	2
0 7 20	2	8	17	20 23	10	3
0 11 0	3	9	18	21 12	11	4
0 14 41	4	11	19	21 55	12	5
0 18 21	5	12	20	22 40	12	5
0 22 2	6	13	21	23 24	13	6
0 25 42	7	14	22	24 8	14	7
0 29 23	8	15	23	24 54	15	8
0 33 4	9	16	23	25 37	15	9
0 36 45	10	17	24	26 22	16	10
0 40 26	11	18	25	27 5	17	11
0 44 8	12	19	26	27 50	18	12
0 47 50	13	20	27	28 33	19	13
0 51 32	14	21	28	29 18	19	13
0 55 14	15	22	28	0♌ 3	20	14
0 58 57	16	23	29	0 46	21	15
1 2 40	17	24	♋	1 31	22	16
1 6 23	18	25	1	2 14	22	17
1 10 7	19	26	2	2 58	23	18
1 13 51	20	27	3	3 43	24	19
1 17 35	21	28	3	4 27	25	20
1 21 20	22	29	4	5 12	25	21
1 25 6	23	♊	5	5 56	26	22
1 28 52	24	1	6	6 40	27	22
1 32 38	25	2	7	7 25	28	23
1 36 25	26	2	8	8 9	29	24
1 40 12	27	3	9	8 53	29	24
1 44 0	28	4	10	9 38	1	26
1 47 48	29	5	10	10 24	1	27
1 51 37	30	6	11	11 8	2	28

Sidereal Time H. M. S.	10 ♉	11 ♊	12 ♋	Ascen ♌	2 ♍	3 ♍
1 51 37	0	6	11	11 8	2	28
1 55 27	1	7	12	11 53	3	29
1 59 17	2	8	13	12 38	4	♎
2 3 8	3	9	14	13 22	5	1
2 6 59	4	10	15	14 8	5	2
2 10 51	5	11	15	14 53	6	3
2 14 44	6	12	16	15 39	7	4
2 18 37	7	13	17	16 24	8	4
2 22 31	8	14	18	17 10	9	5
2 26 25	9	15	19	17 56	10	6
2 30 20	10	16	20	18 41	10	7
2 34 16	11	17	20	19 27	11	8
2 38 13	12	18	21	20 14	12	9
2 42 10	13	19	22	21 0	13	10
2 46 8	14	19	23	21 47	14	11
2 50 7	15	20	24	22 33	15	12
2 54 7	16	21	24	23 20	16	13
2 58 7	17	22	25	24 7	17	14
3 2 8	18	23	26	24 54	17	15
3 6 9	19	24	27	25 42	18	16
3 10 12	20	25	28	26 29	19	17
3 14 15	21	26	29	27 17	20	18
3 18 19	22	27	♌	28 5	21	19
3 22 23	23	28	1	28 52	22	20
3 26 29	24	29	1	29 41	23	21
3 30 35	25	♋	2	0♍29	24	22
3 34 41	26	1	3	1 17	24	23
3 38 49	27	2	4	2 6	25	24
3 42 57	28	3	5	2 55	26	25
3 47 6	29	4	6	3 43	27	26
3 51 15	30	5	7	4 32	28	27

Sidereal Time H. M. S.	10 ♊	11 ♋	12 ♌	Ascen ♍	2 ♍	3 ♎
3 51 15	0	5	7	4 32	28	27
3 55 25	1	6	8	5 22	29	28
3 59 36	2	6	8	6 10	♎	29
4 3 48	3	7	9	7 0	1	♏
4 8 0	4	8	10	7 49	2	1
4 12 13	5	9	11	8 40	3	2
4 16 26	6	10	12	9 30	4	3
4 20 40	7	11	13	10 19	4	4
4 24 55	8	12	14	11 10	5	5
4 29 10	9	13	15	12 0	6	6
4 33 26	10	14	16	12 51	7	7
4 37 42	11	15	16	13 41	8	8
4 41 59	12	16	17	14 32	9	9
4 46 16	13	17	18	15 23	10	10
4 50 34	14	18	19	16 14	11	11
4 54 52	15	19	20	17 5	12	12
4 59 10	16	20	21	17 56	13	13
5 3 29	17	21	22	18 47	14	14
5 7 49	18	22	23	19 39	15	15
5 12 9	19	23	24	20 30	16	16
5 16 29	20	24	25	21 22	17	17
5 20 49	21	25	25	22 13	18	18
5 25 9	22	26	26	23 5	19	19
5 29 30	23	27	27	23 57	19	20
5 33 51	24	28	28	24 49	20	21
5 38 12	25	29	29	25 40	21	22
5 42 34	26	♌	♍	26 32	22	22
5 46 55	27	1	1	27 25	23	23
5 51 17	28	2	2	28 16	24	24
5 55 38	29	3	3	29 8	25	25
6 0 0	30	4	4	30 0	26	26

Sidereal Time H. M. S.	10 ♋	11 ♌	12 ♍	Ascen ♎	2 ♎	3 ♏
6 0 0	0	4	4	0 0	26	26
6 4 22	1	5	5	0 52	27	27
6 8 43	2	6	6	1 44	28	28
6 13 5	3	6	7	2 35	29	29
6 17 26	4	7	8	3 28	♏	♐
6 21 48	5	8	9	4 20	1	1
6 26 9	6	9	10	5 11	2	2
6 30 30	7	10	11	6 3	3	3
6 34 51	8	11	12	6 55	3	4
6 39 11	9	12	13	7 47	4	5
6 43 31	10	13	14	8 38	5	6
6 47 51	11	14	15	9 30	6	7
6 52 11	12	15	15	10 21	7	8
6 56 31	13	16	16	11 13	8	9
7 0 50	14	17	17	12 4	9	10
7 5 8	15	18	18	12 55	10	11
7 9 26	16	19	19	13 46	11	12
7 13 44	17	20	20	14 37	12	13
7 18 1	18	21	21	15 28	13	14
7 22 18	19	22	22	16 19	14	15
7 26 34	20	23	23	17 9	14	16
7 30 50	21	24	23	18 0	15	17
7 35 5	22	25	24	18 50	16	18
7 39 20	23	26	25	19 41	17	19
7 43 34	24	27	26	20 30	18	20
7 47 47	25	28	27	21 20	19	21
7 52 0	26	29	28	22 11	20	22
7 56 12	27	♍	29	23 0	21	23
8 0 24	28	1	♎	23 50	22	24
8 4 35	29	2	1	24 38	23	25
8 8 45	30	3	2	25 28	24	26

Sidereal Time H. M. S.	10 ♌	11 ♍	12 ♎	Ascen ♎	2 ♏	3 ♐
8 8 45	0	3	2	25 28	24	26
8 12 54	1	4	3	26 17	25	27
8 17 3	2	5	4	27 3	26	28
8 21 11	3	6	4	27 52	27	29
8 25 19	4	7	5	28 41	28	♑
8 29 26	5	8	6	29 26	29	1
8 33 31	6	9	7	0♏17	♐	2
8 37 37	7	10	8	1 5	1	3
8 41 41	8	11	9	1 56	2	4
8 45 45	9	12	9	2 43	3	5
8 49 48	10	13	10	3 31	3	6
8 53 51	11	14	11	4 18	4	7
8 57 52	12	15	12	5 6	5	8
9 1 53	13	16	13	5 53	6	9
9 5 53	14	17	14	6 40	7	10
9 9 53	15	18	14	7 27	8	11
9 13 52	16	19	15	8 13	9	12
9 17 50	17	20	16	8 59	10	13
9 21 47	18	21	17	9 46	11	14
9 25 44	19	22	18	10 33	11	15
9 29 40	20	23	19	11 19	12	16
9 33 35	21	24	20	12 4	13	17
9 37 29	22	24	21	12 50	14	18
9 41 23	23	25	22	13 36	15	19
9 45 16	24	26	22	14 21	16	19
9 49 9	25	27	23	15 7	17	20
9 53 1	26	28	24	15 52	18	21
9 56 52	27	29	25	16 38	19	22
10 0 43	28	♎	26	17 22	19	23
10 4 33	29	1	27	18 8	20	23
10 8 23	30	2	28	18 52	21	24

Sidereal Time H. M. S.	10 ♍	11 ♎	12 ♎	Ascen ♏	2 ♐	3 ♑
10 8 23	0	2	28	18 52	19	24
10 12 12	1	3	29	19 36	20	26
10 16 0	2	4	29	20 22	20	26
10 19 48	3	5	♏	21 7	21	27
10 23 35	4	6	1	21 51	22	28
10 27 22	5	7	1	22 35	23	28
10 31 8	6	7	2	23 20	24	29
10 34 54	7	8	3	24 4	24	♑
10 38 40	8	9	4	24 48	25	1
10 42 34	9	10	4	25 33	26	2
10 46 9	10	11	5	26 17	27	3
10 49 53	11	12	6	27 2	28	4
10 53 37	12	13	7	27 46	29	5
10 57 20	13	14	8	28 29	♑	6
11 1 3	14	15	9	29 14	1	7
11 4 46	15	16	10	0♐42	2	9
11 8 28	16	17	11	1 27	3	10
11 12 10	17	18	11	2 10	4	11
11 15 52	18	19	12	2 55	5	12
11 19 34	19	20	13	3 37	6	13
11 23 15	20	21	14	4 23	7	14
11 26 56	21	21	14	5 6	8	15
11 30 37	22	22	15	5 52	8	15
11 34 18	23	23	16	6 36	9	17
11 37 58	24	23	17	7 20	10	18
11 41 39	25	24	18	7 20	10	18
11 45 9	26	25	19	8 5	11	19
11 48 51	27	26	19	8 48	12	20
11 52 40	28	27	20	9 37	13	22
11 56 40	29	28	21	10 22	14	23
12 0 0	30	29	21	11 7	15	24

TABLES OF HOUSES FOR NEW YORK, Latitude 40° 43' N.

Sidereal Time (H. M. S.)	10 ♎	11 ♎	12 ♏	Ascen ♐	2 ♑	3 ♒	Sidereal Time (H. M. S.)	10 ♏	11 ♏	12 ♐	Ascen ♑	2 ♒	3 ♓	Sidereal Time (H. M. S.)	10 ♐	11 ♐	12 ♑	Ascen ♒	2 ♓	3 ♈
12 0 0	0	29	21	11 7	15	24	13 51 37	0	25	15	5 35	16	27	15 51 15	0	21	13	9 8	27	4
12 3 40	1	♏	22	11 52	16	25	13 55 27	1	25	16	6 30	17	29	15 55 25	1	22	14	10 31	28	5
12 7 20	2	1	23	12 37	17	26	13 59 17	2	26	17	7 27	18	♈	15 59 36	2	23	15	11 56	♈	6
12 11 0	3	1	24	13 19	17	27	14 3 8	3	27	18	8 23	20	1	16 3 48	3	24	16	13 23	1	7
12 14 41	4	2	25	14 7	18	28	14 6 59	4	28	18	9 20	21	2	16 8 0	4	25	17	14 50	3	9
12 18 21	5	3	25	14 52	19	29	14 10 51	5	29	19	10 18	22	3	16 12 13	5	26	18	16 9	4	10
12 22 2	6	4	26	15 38	20	♓	14 14 44	6	♐	20	11 16	23	5	16 16 26	6	27	19	17 50	6	11
12 25 42	7	5	27	16 23	21	1	14 18 37	7	1	21	12 15	24	6	16 20 40	7	28	20	19 22	7	12
12 29 23	8	6	28	17 11	22	2	14 22 31	8	2	22	13 15	26	7	16 24 55	8	29	21	20 56	9	13
12 33 4	9	6	28	17 58	23	3	14 26 25	9	2	23	14 16	27	8	16 29 10	9	♑	22	22 30	11	15
12 36 45	10	7	29	18 45	24	4	14 30 20	10	3	24	15 17	28	10	16 33 26	10	1	23	24 7	12	16
12 40 26	11	8	♐	19 32	25	5	14 34 16	11	4	24	16 19	♓	11	16 37 42	11	2	24	25 44	14	17
12 44 8	12	9	1	20 20	26	7	14 38 13	12	5	25	17 23	1	12	16 41 59	12	3	26	27 23	15	18
12 47 50	13	10	2	21 8	27	8	14 42 10	13	6	26	18 27	2	13	16 46 16	13	4	27	29 4	17	19
12 51 32	14	11	2	21 57	28	9	14 46 8	14	7	27	19 32	4	14	16 50 34	14	5	28	0♈45	18	20
12 55 14	15	12	3	22 43	29	10	14 50 7	15	8	28	20 37	5	15	16 54 52	15	6	29	2 27	20	22
12 58 57	16	13	4	23 33	♒	11	14 54 7	16	9	29	21 44	6	16	16 59 10	16	7	♒	4 11	21	23
13 2 40	17	13	5	24 22	1	12	14 58 7	17	10	♑	22 51	8	18	17 3 29	17	8	2	5 56	23	24
13 6 23	18	14	6	25 11	2	13	15 2 8	18	10	1	23 59	9	19	17 7 49	18	9	3	7 43	24	25
13 10 7	19	15	7	26 1	3	15	15 6 9	19	11	2	25 9	11	20	17 12 9	19	10	4	9 30	26	26
13 13 51	20	16	7	26 51	5	16	15 10 12	20	12	3	26 19	12	22	17 16 29	20	11	5	11 18	27	27
13 17 35	21	17	8	27 40	6	17	15 14 15	21	13	4	27 31	13	23	17 20 49	21	12	7	13 8	29	28
13 21 20	22	18	9	28 32	7	18	15 18 19	22	14	5	28 43	15	24	17 25 9	22	13	8	14 57	♉	♊
13 25 6	23	19	10	29 23	8	19	15 22 23	23	15	6	29 57	16	25	17 29 30	23	14	9	16 48	2	1
13 28 52	24	19	10	0♑14	9	20	15 26 29	24	16	6	1♒11	18	26	17 33 51	24	15	10	18 41	3	2
13 32 38	25	20	11	1 7	10	21	15 30 35	25	17	7	2 28	19	28	17 38 12	25	16	12	20 33	5	3
13 36 25	26	21	12	2 0	11	23	15 34 41	26	18	8	3 46	21	29	17 42 34	26	17	13	22 25	6	4
13 40 12	27	22	13	2 52	12	24	15 38 49	27	19	9	5 5	22	♈	17 46 55	27	19	14	24 19	7	5
13 44 0	28	23	13	3 46	13	25	15 42 57	28	20	10	6 25	24	1	17 51 17	28	20	16	26 12	9	6
13 47 48	29	24	14	4 41	15	26	15 47 6	29	21	11	7 46	25	3	17 55 38	29	21	17	28 7	10	7
13 51 37	30	25	15	5 35	16	27	15 51 15	30	22	11	9 8	27	4	18 0 0	30	22	18	30 0	12	9

Sidereal Time (H. M. S.)	10 ♑	11 ♑	12 ♒	Ascen ♈	2 ♉	3 ♊	Sidereal Time (H. M. S.)	10 ♒	11 ♒	12 ♈	Ascen ♉	2 ♊	3 ♋	Sidereal Time (H. M. S.)	10 ♓	11 ♈	12 ♉	Ascen ♊	2 ♋	3 ♌
18 0 0	0	22	18	0 0	12	9	20 8 45	0	26	3	20 52	17	9	22 8 23	0	3	14	24 25	15	5
18 4 22	1	23	20	1 53	13	10	20 12 54	1	27	5	22 14	18	9	22 12 12	1	4	15	25 19	16	6
18 8 43	2	24	21	3 48	14	11	20 17 3	2	29	6	23 35	20	10	22 16 0	2	5	17	26 14	17	7
18 13 5	3	25	23	5 41	16	12	20 21 11	3	♈	8	24 55	20	11	22 19 48	3	6	18	27 8	17	8
18 17 26	4	26	24	7 35	17	13	20 25 19	4	1	9	26 14	21	12	22 23 35	4	7	19	28 0	18	9
18 21 48	5	27	25	9 27	18	14	20 29 26	5	2	11	27 32	22	13	22 27 22	5	8	20	28 53	19	10
18 26 9	6	28	27	11 19	20	15	20 33 31	6	3	12	28 48	23	14	22 31 8	6	10	21	29 46	20	11
18 30 30	7	29	28	13 12	21	16	20 37 37	7	5	14	0♊3	24	15	22 34 54	7	11	22	0♋37	21	11
18 34 51	8	♒	♈	15 3	22	17	20 41 41	8	6	15	1 17	25	16	22 38 40	8	12	23	1 28	21	12
18 39 11	9	2	1	16 52	23	18	20 45 45	9	7	16	2 29	26	17	22 42 25	9	13	24	2 20	22	13
18 43 31	10	3	3	18 42	25	19	20 49 48	10	8	18	3 41	27	18	22 46 9	10	14	25	3 9	23	14
18 47 51	11	4	4	20 30	26	20	20 53 51	11	10	19	4 52	28	19	22 49 52	11	15	27	3 59	24	15
18 52 11	12	5	5	22 17	27	21	20 57 52	12	11	21	6 1	29	20	22 53 37	12	17	28	4 49	24	16
18 56 31	13	6	7	24 4	29	22	21 1 53	13	12	22	7 9	♋	20	22 57 20	13	18	29	5 38	25	17
19 0 50	14	7	9	25 49	♊	24	21 5 53	14	13	24	8 16	1	21	23 1 3	14	19	♊	6 27	26	18
19 5 8	15	9	10	27 33	1	24	21 9 53	15	14	25	9 23	2	22	23 4 46	15	20	1	7 17	27	18
19 9 26	16	10	12	29 15	2	25	21 13 52	16	16	26	10 30	3	23	23 8 28	16	21	2	8 3	28	19
19 13 44	17	11	13	0♉56	3	26	21 17 50	17	17	28	11 35	4	24	23 12 10	17	22	3	8 52	28	20
19 18 1	18	12	15	2 37	4	27	21 21 47	18	18	29	12 37	5	25	23 15 52	18	23	4	9 40	29	21
19 22 18	19	13	16	4 16	6	28	21 25 44	19	19	♉	13 41	6	26	23 19 34	19	24	5	10 28	♌	22
19 26 34	20	14	18	5 53	7	29	21 29 40	20	21	2	14 43	6	27	23 23 15	20	26	6	11 12	1	23
19 30 50	21	16	19	7 30	8	♋	21 33 35	21	22	3	15 44	7	28	23 26 56	21	27	7	12 2	2	23
19 35 5	22	17	21	9 4	9	1	21 37 29	22	23	4	16 45	8	28	23 30 37	22	28	8	12 49	3	24
19 39 20	23	18	22	10 38	10	2	21 41 23	23	24	6	17 45	9	29	23 34 18	23	29	9	13 37	3	25
19 43 34	24	19	24	12 10	11	3	21 45 16	24	25	7	18 44	10	♌	23 37 58	24	♉	10	14 22	4	26
19 47 47	25	20	25	13 41	12	4	21 49 9	25	26	8	19 42	11	1	23 41 39	25	1	11	15 8	5	27
19 52 0	26	21	27	15 10	13	5	21 53 1	26	28	9	20 38	12	2	23 45 19	26	2	12	15 53	6	28
19 56 12	27	23	29	16 37	14	6	21 56 52	27	29	11	21 34	13	3	23 49 0	27	3	12	16 41	6	29
20 0 24	28	24	♈	18 4	15	7	22 0 43	28	♉	12	22 29	13	4	23 52 40	28	4	13	17 23	7	29
20 4 35	29	25	2	19 29	16	8	22 4 33	29	1	13	23 28	14	5	23 56 20	29	5	14	18 8	8	♍
20 8 45	30	26	3	20 52	17	9	22 8 23	30	3	14	24 25	15	5	24 0 0	30	6	15	18 53	9	1

PROPORTIONAL LOGARITHMS FOR FINDING THE PLANETS' PLACES
DEGREES OR HOURS

Min	0	1	2	3	4	5	6	7	8	9	10	11	12	13	14	15	Min
0	3.1584	1.3802	1.0792	9031	7781	6812	6021	5351	4771	4260	3802	3388	3010	2663	2341	2041	0
1	3.1584	1.3730	1.0756	9007	7763	6798	6009	5341	4762	4252	3795	3382	3004	2657	2336	2036	1
2	2.8573	1.3660	1.0720	8983	7745	6784	5997	5330	4753	4244	3788	3375	2998	2652	2330	2032	2
3	2.6812	1.3590	1.0685	8959	7728	6769	5985	5320	4744	4236	3780	3368	2992	2646	2325	2027	3
4	2.5563	1.3522	1.0649	8935	7710	6755	5973	5310	4735	4228	3773	3362	2986	2640	2320	2022	4
5	2.4594	1.3454	1.0614	8912	7692	6741	5961	5300	4726	4220	3766	3355	2980	2635	2315	2017	5
6	2.3802	1.3388	1.0580	8888	7674	6726	5949	5289	4717	4212	3759	3349	2974	2629	2310	2012	6
7	2.3133	1.3323	1.0546	8865	7657	6712	5937	5279	4708	4204	3752	3342	2968	2624	2305	2008	7
8	2.2553	1.3258	1.0511	8842	7639	6698	5925	5269	4699	4196	3745	3336	2962	2618	2300	2003	8
9	2.2041	1.3195	1.0478	8819	7622	6684	5913	5259	4690	4188	3737	3329	2956	2613	2295	1998	9
10	2.1584	1.3133	1.0444	8796	7604	6670	5902	5249	4682	4180	3730	3323	2950	2607	2289	1993	10
11	2.1170	1.3071	1.0411	8773	7587	6656	5890	5239	4673	4172	3723	3316	2944	2602	2284	1988	11
12	2.0792	1.3010	1.0378	8751	7570	6642	5878	5229	4664	4164	3716	3310	2938	2596	2279	1984	12
13	2.0444	1.2950	1.0345	8728	7552	6628	5866	5219	4655	4156	3709	3303	2933	2591	2274	1979	13
14	2.0122	1.2891	1.0313	8706	7535	6614	5855	5209	4646	4148	3702	3297	2927	2585	2269	1974	14
15	1.9823	1.2833	1.0280	8683	7518	6600	5843	5199	4638	4141	3695	3291	2921	2580	2264	1969	15
16	1.9542	1.2775	1.0248	8661	7501	6587	5832	5189	4629	4133	3688	3284	2915	2574	2259	1965	16
17	1.9279	1.2719	1.0216	8639	7484	6573	5820	5179	4620	4125	3681	3278	2909	2569	2254	1960	17
18	1.9031	1.2663	1.0185	8617	7467	6559	5809	5169	4611	4117	3674	3271	2903	2564	2249	1955	18
19	1.8796	1.2607	1.0153	8595	7451	6546	5797	5159	4603	4109	3667	3265	2897	2558	2244	1950	19
20	1.8573	1.2553	1.0122	8573	7434	6532	5786	5149	4594	4102	3660	3258	2891	2553	2239	1946	20
21	1.8361	1.2499	1.0091	8552	7417	6519	5774	5139	4585	4094	3653	3252	2885	2547	2234	1941	21
22	1.8159	1.2445	1.0061	8530	7401	6505	5763	5129	4577	4086	3646	3246	2880	2542	2229	1936	22
23	1.7966	1.2393	1.0030	8509	7384	6492	5752	5120	4568	4079	3639	3239	2874	2536	2223	1932	23
24	1.7781	1.2341	1.0000	8487	7368	6478	5740	5110	4559	4071	3632	3233	2868	2531	2218	1927	24
25	1.7604	1.2289	0.9970	8466	7351	6465	5729	5100	4551	4063	3625	3227	2862	2526	2213	1922	25
26	1.7434	1.2239	0.9940	8445	7335	6451	5718	5090	4542	4055	3618	3220	2856	2520	2208	1917	26
27	1.7270	1.2188	0.9910	8424	7318	6438	5706	5081	4534	4048	3611	3214	2850	2515	2203	1913	27
28	1.7112	1.2139	0.9881	8403	7302	6425	5695	5071	4525	4040	3604	3208	2845	2509	2198	1908	28
29	1.6960	1.2090	0.9852	8382	7286	6412	5684	5061	4516	4032	3597	3201	2839	2504	2193	1903	29
30	1.6812	1.2041	0.9823	8361	7270	6398	5673	5051	4508	4025	3590	3195	2833	2499	2188	1899	30
31	1.6670	1.1993	0.9794	8341	7254	6385	5662	5042	4499	4017	3583	3189	2827	2493	2183	1894	31
32	1.6532	1.1946	0.9765	8320	7238	6372	5651	5032	4491	4010	3576	3183	2821	2488	2178	1889	32
33	1.6398	1.1899	0.9737	8300	7222	6359	5640	5023	4482	4002	3570	3176	2816	2483	2173	1885	33
34	1.6269	1.1852	0.9708	8279	7206	6346	5629	5013	4474	3994	3563	3170	2810	2477	2168	1880	34
35	1.6143	1.1806	0.9680	8259	7190	6333	5618	5003	4466	3987	3556	3164	2804	2472	2164	1875	35
36	1.6021	1.1761	0.9652	8239	7174	6320	5607	4994	4457	3979	3549	3157	2798	2467	2159	1871	36
37	1.5902	1.1716	0.9625	8219	7159	6307	5596	4984	4449	3972	3542	3151	2793	2461	2154	1866	37
38	1.5786	1.1671	0.9597	8199	7143	6294	5585	4975	4440	3964	3535	3145	2787	2456	2149	1862	38
39	1.5673	1.1627	0.9570	8179	7128	6282	5574	4965	4432	3957	3529	3139	2781	2451	2144	1857	39
40	1.5563	1.1584	0.9542	8159	7112	6269	5563	4956	4424	3949	3522	3133	2775	2445	2139	1852	40
41	1.5456	1.1540	0.9515	8140	7097	6256	5552	4947	4415	3942	3515	3126	2770	2440	2134	1848	41
42	1.5351	1.1498	0.9488	8120	7081	6243	5541	4937	4407	3934	3508	3120	2764	2435	2129	1843	42
43	1.5249	1.1455	0.9462	8101	7066	6231	5531	4928	4399	3927	3501	3114	2758	2430	2124	1838	43
44	1.5149	1.1413	0.9435	8081	7050	6218	5520	4918	4390	3919	3495	3108	2753	2424	2119	1834	44
45	1.5051	1.1372	0.9409	8062	7035	6205	5509	4909	4382	3912	3488	3102	2747	2419	2114	1829	45
46	1.4956	1.1331	0.9383	8043	7020	6193	5498	4900	4374	3905	3481	3096	2741	2414	2109	1825	46
47	1.4863	1.1290	0.9356	8023	7005	6180	5488	4890	4365	3897	3475	3089	2736	2409	2104	1820	47
48	1.4771	1.1249	0.9330	8004	6990	6168	5477	4881	4357	3890	3468	3083	2730	2403	2099	1816	48
49	1.4682	1.1209	0.9305	7985	6975	6155	5466	4872	4349	3882	3461	3077	2724	2398	2095	1811	49
50	1.4594	1.1170	0.9279	7966	6960	6143	5456	4863	4341	3875	3454	3071	2719	2393	2090	1806	50
51	1.4508	1.1130	0.9254	7947	6945	6131	5445	4853	4333	3868	3448	3065	2713	2388	2085	1802	51
52	1.4424	1.1091	0.9228	7929	6930	6118	5435	4844	4324	3860	3441	3059	2707	2382	2080	1797	52
53	1.4341	1.1053	0.9203	7910	6915	6106	5424	4835	4316	3853	3434	3053	2702	2377	2075	1793	53
54	1.4260	1.1015	0.9178	7891	6900	6094	5414	4826	4308	3846	3428	3047	2696	2372	2070	1788	54
55	1.4180	1.0977	0.9153	7873	6885	6081	5403	4817	4300	3838	3421	3041	2691	2367	2065	1784	55
56	1.4102	1.0939	0.9128	7854	6871	6069	5393	4808	4292	3831	3415	3034	2685	2362	2061	1779	56
57	1.4025	1.0902	0.9104	7836	6856	6057	5382	4798	4284	3824	3408	3028	2679	2356	2056	1774	57
58	1.3949	1.0865	0.9079	7818	6841	6045	5372	4789	4276	3817	3401	3022	2674	2351	2051	1770	58
59	1.3875	1.0828	0.9055	7800	6827	6033	5361	4780	4268	3809	3395	3016	2668	2346	2046	1765	59

0	1	2	3	4	5	6	7	8	9	10	11	12	13	14	15

RULE: – Add proportional log. of planet's daily motion to log. of time from noon, and the sum will be the log. of the motion required. Add this to planet's place at noon, if time be p.m., but subtract if a.m., and the sum will be planet's true place. If Retrograde, subtract for p.m., but add for a.m.

What is the Long. of ☽ June 12, 2009 at 2.15 p.m.?

☽'s daily motion – 14° 12'

Prop. Log. of 14° 12' 2279
Prop. Log. of 2h. 15m. 1.0280
☽'s motion in 2h. 15m. = 1° 20' or Log. 1.2559

☽'s Long. = 21° ♊ 50' + 1° 20' = 23° ♊ 10'

The Daily Motions of the Sun, Moon, Mercury, Venus and Mars will be found on pages 26 to 28.